深圳市工程监理行业
发展蓝皮书 2009

深圳市监理工程师协会
深圳大学建设监理研究所　编著

中国建筑工业出版社

图书在版编目（CIP）数据

深圳市工程监理行业发展蓝皮书2009/深圳市监理工程师协会，深圳大学建设监理研究所编著. —北京：中国建筑工业出版社，2010.7

ISBN 978-7-112-12158-8

Ⅰ.①深… Ⅱ.①深… ②深… Ⅲ.①建筑工程-监督管理-白皮书-深圳市—2009 Ⅳ.①TU712

中国版本图书馆CIP数据核字（2010）第101678号

深圳市工程监理行业发展蓝皮书2009
深圳市监理工程师协会
深圳大学建设监理研究所　编著

*

中国建筑工业出版社出版、发行（北京西郊百万庄）
各地新华书店、建筑书店经销
北京千辰公司制版
北京云浩印刷有限责任公司印刷

*

开本：787×960毫米　1/16　印张：8¼　字数：165千字
2010年8月第一版　2010年8月第一次印刷
定价：22.00元
ISBN 978-7-112-12158-8
　　（19411）

版权所有　翻印必究
如有印装质量问题，可寄本社退换
（邮政编码　100037）

本书由深圳市监理工程师协会和深圳大学建设监理研究所联合编著。共包括4章5个附录。第一章对深圳市工程监理行业的发展历程进行了回顾，对影响行业发展的重大事件和所取得的标志性成果进行了总结；在进行监理行业发展的调查、访谈和专家会议论证的基础上，第二章对深圳市工程监理行业的现状及存在的问题进行了梳理和探讨；在第三章中，针对深圳市工程监理行业存在的问题，从理论上进行了深入的研究和分析；通过对深圳市工程监理行业的发展历程、发展状况、相关问题、发展措施、发展案例等进行调研和分析，在第四章中提出促进深圳市工程监理行业发展的政策建议和意见；附件则列出了相关调研的数据分析处理过程、监理行业发展大事记及其他专题的研究成果。此外，附件中还给出了两家监理企业发展变迁的实际案例，可供其他监理企业研究和借鉴。

本书可作为建设监理行业主管部门和监理企业管理者、广大监理工程师的参考资料，也可作为高校相关专业师生的辅导用书。

* * *

责任编辑：李春敏　赵晓菲

责任设计：赵明霞

责任校对：陈晶晶

前 言

20世纪80年代中期，为了提升建设工程的质量和效益，在学习借鉴香港建设管理先进经验的基础上，深圳市开始在建设工程领域试行"地盘管理"制度，1988年，深圳又成为我国第一批开展工程监理的试点城市之一。20多年来，深圳市的广大监理从业人员始终奋战在工程建设的第一线，为深圳市的城市建设作出了巨大的贡献，工程监理行业也从无到有，从弱到强，逐渐发展成为工程建设领域不可或缺的行业。回顾深圳监理行业的发展历程，可以说既经历过辉煌，也遭遇过坎坷；如今，在国家加大基本建设投资力度、大力推动城市化进程及广东省全力推进珠三角发展规划纲要的背景下，深圳市的工程监理行业更充满了挑战和机遇。为了更好地探索深圳市监理行业的未来发展方向，促进深圳市工程监理服务迈上更高水平，有必要对20多年来深圳工程监理行业的发展经验进行系统地总结和提炼，对目前存在的问题和解决方法进行深入的分析和探讨，以此促进深圳市工程监理行业实现更好、更快和可持续发展。为此，深圳市监理工程师协会组织精兵强将，编写了《深圳市工程监理行业发展蓝皮书2009》一书。

本蓝皮书共包括4章和5个附录。第一章主要对深圳市的工程监理行业发展历程进行了回顾，对影响行业发展的重大事件和所取得的标志性成果进行了总结；在进行监理行业发展的调查、访谈和专家会议论证的基础上，第二章对深圳市工程监理行业的现状和存在的问题进行了梳理和探讨；在第三章中，针对深圳市工程监理行业存在的问题，从理论上进行了深入的研究和分析；通过对深圳市工程监理行业的发展历程、发展状况、相关问题、发展措施、发展案例等进行调研和分析，在第四章中提出促进深圳市工程监理行业发展的政策建议和意见；本蓝皮书的附录则列出了相关调研的数据分析处理过程、监理行业发展大事记及其他专题的研究成果。值得一提的是，附录中还给出了两家监理企业发展变迁的实际案例，可供其他监理企业研究和借鉴。

本蓝皮书的编写凝聚了深圳市广大监理人员的共同智慧和力量。课题启动一年多来，课题组成员查阅了众多的历史文件、发放了大量的调查问卷、多次深入企业进行调查研究，调研过程中，监理企业和监理从业人员均给予了大力的协助和配合，深圳大学硕士研究生韦美娟、黄珺、佘俊在收集和整理资料方面发挥了重要的作用。初稿形成后，监理工程师协会专家委员会多次召集会议进行讨论，提出了大量的修改建议和意见，经过十余次的修改和补充，最终定稿。希望本蓝皮书能够为社会提供一个了解深圳工程监理行业和工程监理企业的窗口，也希望蓝皮书成为深圳监理行业反映自己生存状况和发展意愿的窗口，更希望政府和社会各界关心、支持深圳建设监理行业的发展，让这一新兴行业前进的步伐更坚定，前进的道路更光明。

由于本蓝皮书涉及的内容时间跨度较长，范围较广，又是国内首次编写类似报告，在资料的收集上难免挂一漏万，加上课题组成员能力和水平所限，书中错误在所难免，恳请读者批评指正。

深圳市监理工程师协会会长：

2010年5月于深圳

本蓝皮书编制单位：深圳市监理工程师协会
　　　　　　　　　深圳大学建设监理研究所

本蓝皮书协编单位：深圳京圳建设监理公司
　　　　　　　　　深圳市宝安建设工程监理公司

本蓝皮书主要编写人员：王家远　王　刚　丁志坤
　　　　　　　　　　　袁丽丽　张修寅　张卫平

本蓝皮书审查人员：王景德　邹　涛　马永兴
　　　　　　　　　方向辉　傅晓明　袁龙凯
　　　　　　　　　范宗杰　马凡祥　都望俊
　　　　　　　　　王茂田　叶　辉　陈文统

目　录

第一章　深圳市工程监理行业的历史沿革 ·················· 1
　一、起步阶段（1985～1991年）························· 2
　　（一）概况 ··· 2
　　（二）重要事件及成果 ·································· 3
　二、快速发展阶段（1992～1995年）····················· 5
　　（一）概况 ··· 5
　　（二）重要事件及成果 ·································· 8
　三、规范调整阶段（1996～2002年）···················· 10
　　（一）概况 ·· 10
　　（二）重要事件及成果 ································· 17
　四、稳步发展阶段（2003年～至今）···················· 19
　　（一）概况 ·· 19
　　（二）重要事件及成果 ································· 21

第二章　深圳市工程监理行业的现状及存在问题 ·········· 24
　一、深圳市工程监理行业的现状 ························· 24
　　（一）监理行业收入稳步增长，但品牌企业缺乏 ········ 24
　　（二）监理企业资质等级结构欠合理，业内竞争激烈 ···· 26
　　（三）监理市场化程度较高，本、外地企业竞争日趋激烈 ···· 27
　　（四）监理企业缺乏核心竞争力，管理及技术水平有待提高 ···· 28
　　（五）行业协会影响力日趋明显，但在行业中的主导地位仍需加强 ···· 29
　　（六）监理人才流失严重，行业可持续发展面临挑战 ···· 30
　　（七）政府和社会对监理行业的要求提高，但行业责权利失衡的
　　　　　问题不容忽视 ···································· 32
　二、深圳监理行业存在问题分析 ························· 32

(一) 我国监理行业存在的共性问题 …………………… 32
　　(二) 深圳监理行业存在的共性问题 …………………… 35

第三章　深圳监理行业存在问题的根源 ……………………… 39
　一、监理行业发展的专业化程度 ………………………………… 39
　　(一) 专业化的含义 …………………………………………… 39
　　(二) 监理行业的专业化问题 ………………………………… 41
　　(三) 深圳建设监理行业专业化程度亟待提高 ……………… 45
　二、监理市场的交易成本 ………………………………………… 46
　　(一) 达成监理服务的交易成本 ……………………………… 46
　　(二) 履行监理服务的交易成本 ……………………………… 49
　　(三) 监理风险成本 …………………………………………… 49
　　(四) 深圳监理行业的交易成本 ……………………………… 51
　三、强制性监理制度 ……………………………………………… 52
　　(一) 合法性机制 ……………………………………………… 52
　　(二) 强制监理对深圳监理市场的影响 ……………………… 53
　四、监理行业存在问题的诱因 …………………………………… 55
　　(一) 专业化与交易成本的作用 ……………………………… 55
　　(二) 强制性监理制度的作用 ………………………………… 55
　　(三) 监理行业发展模型的影响 ……………………………… 56

第四章　促进深圳监理行业健康发展的若干建议 …………… 60
　一、对监理从业人员的建议 ……………………………………… 60
　　(一) 注重学习，提高专业化水平 …………………………… 60
　　(二) 注重自我保护，增强工作责任心 ……………………… 60
　　(三) 不断完善自我，积极面对挑战 ………………………… 60
　二、对监理企业的建议 …………………………………………… 61
　　(一) 积极开展知识管理、提升核心竞争力 ………………… 61
　　(二) 严于自律、坚持高标准服务 …………………………… 61
　　(三) 抓住机遇、积极面对挑战 ……………………………… 62
　三、对监理行业协会的建议 ……………………………………… 62
　　(一) 倡导会员单位走专业化发展之路 ……………………… 62
　　(二) 进一步发挥行业维权和协调职能 ……………………… 63
　　(三) 引导会员单位积极面对挑战 …………………………… 63

四、对政府建设主管部门的建议 …………………………………………… 64
 （一）明确建设监理行业定位，解决"一仆二主"问题 ………………… 64
 （二）树立深圳监理行业名牌企业，探索监理行业管理方法 ………… 65
 （三）重视并逐步解决影响工程监理行业生存的问题 ………………… 65
 （四）进一步提升依法行政的水平 ……………………………………… 66
 （五）探索改革旁站监理的相关规定 …………………………………… 66
 （六）积极开展研究工作，恰当界定建设工程安全生产的监理责任 … 67
 （七）恢复"地方粮票"，缓解深圳市注册监理工程师人员不足的矛盾 …… 67

附录1 深圳建设监理调查结果及统计说明 ………………………………… 69
 一、问卷调查过程分析 ……………………………………………………… 69
 二、样本描述 ………………………………………………………………… 70
 三、问卷调查获得的信息分析 ……………………………………………… 72

附录2 强制性监理政策对建设监理行业发展的影响分析 ………………… 77
 一、完全市场调节下的监理市场 …………………………………………… 77
 二、考虑外部性条件下的监理市场 ………………………………………… 78
 三、政府法规对监理市场的影响 …………………………………………… 80
 四、市场对行政法规作出的反应 …………………………………………… 82
 五、几点启示 ………………………………………………………………… 86

附录3 深圳建设监理行业发展大事记 ……………………………………… 87

附录4 深圳市监理企业变迁研究 …………………………………………… 89
 一、企业变迁理论研究部分 ………………………………………………… 89
  （一）影响企业变迁的因素分析 ………………………………………… 89
  （二）企业变迁的动力机制研究 ………………………………………… 90
  （三）企业变迁环境分析 ………………………………………………… 91
  （四）企业变迁内容的研究 ……………………………………………… 92
 二、深圳监理公司企业变迁案例研究 ……………………………………… 94
  （一）京圳建设监理公司变迁研究 ……………………………………… 94
  （二）宝安建设工程监理公司变迁研究 ………………………………… 102
 三、深圳市建设监理公司变迁机理分析 …………………………………… 109
  （一）国家、地区发展大环境对监理企业变迁的影响 ………………… 109

  （二）相关监理法规的颁布对企业变迁的影响 …………………………… 110
  （三）深圳本地的监理市场环境 …………………………………………… 112
  （四）监理行业同期主导业务范围的变迁对企业变迁的影响 ………… 112
  （五）产权制度的演变对企业的影响 ……………………………………… 113
 四、研究成果的现实意义 ……………………………………………………… 113

附录5　深圳市监理工程师协会历届领导机构名录 …………………………… 119

第一章　深圳市工程监理行业的历史沿革

工程监理制是我国在基本建设领域进行经济体制改革过程中建立起来的重要制度之一。深圳作为我国首个经济特区，肩负着国家"改革开放实验田"的重任。工程监理制也不例外，其最初的雏形"地盘管理"同样诞生于深圳。

20 世纪 80 年代，伴随着经济特区的建立，深圳市拉开了基本建设高速发展的序幕，各种城市基础设施建设大规模展开，固定资产投资快速增长，特区内外处处大兴土木。同时，原有的以行政手段分配建设任务的计划经济模式已被打破，取而代之的是以竞争为核心、以优胜劣汰为准则的市场经济模式，这充分激发了建筑市场中各方的积极性，极大地促进了建筑市场的繁荣，建筑业的蓬勃发展使深圳市成为名副其实的"一夜城"，建筑业也成了深圳市的重要支柱产业。但是，在市场机制的驱动下，建筑市场主体之间的利益冲突也逐步显现出来，建设单位和施工企业之间的合同纠纷持续增加。一方面是施工企业出现了忽视工程质量、盲目追求商业利益的倾向，自评自报的工程合格率、优良率严重不实，工程质量问题日益突出；另一方面，不少建设单位的管理人员由于缺乏必要的专业能力，为了片面地追求建设的速度和压缩投资，经常对施工单位的正常施工管理进行不合理的干预，致使有些工程项目留下质量和安全隐患。

上述问题的出现，加上日趋膨胀的建设规模，使得在保证工程质量的前提下，如何解决工程进度和投资效益之间的矛盾成为深圳建设领域急需解决的问题。为此，深圳市借鉴香港的成功经验，从实施"地盘管理"入手，尝试解决上述问题，正是这一系列工程管理矛盾的逐步化解，推动了深圳工程监理制的产生和发展。

20 多年来，深圳的工程监理制从无到有，行业实力从小到大，服务水平由低到高，监理法律、法规逐步健全，经历了起步、快速发展、规范调整和稳步发展等重要阶段。如今，工程监理行业已逐步发展成为一个比较成熟、在基本建设领域不可替代的重要行业。

工程监理制在深圳的建立和推行，为深圳建设工程项目的质量、进度、造价控制和安全文明施工管理注入了新生力量，众多工程监理企业与施工企业携手共创的诸如会展中心、市民中心、赛格广场等一个又一个的国优、省优和市优工程，不仅是深圳监理行业的业绩见证，而且向社会各界展现了深圳监理同仁的风采。

深圳工程监理行业的发展历史大体划分为4个阶段，即起步阶段、快速发展阶段、规范调整阶段、稳步发展阶段，具体如图1-1所示。在这4个阶段，每个阶段都有其标志性的事件，每个事件对于深圳工程监理行业的发展都有着深远的影响。

图1-1　深圳监理行业与全国监理行业发展阶段对比图

根据相关文献资料揭示，全国工程监理行业的发展历程总体上可划分为三个阶段，即试点阶段、区域推行阶段和全面推行阶段，如图1-1所示。对比图1-1中的两个横道线可以看出，作为主要的试点城市之一，深圳市的工程监理行业发展从时间的角度上始终走在全国的前列，体现了深圳监理行业同仁和深圳各级政府相关职能部门积极探索、锐意改革、不断促进行业发展的开拓精神。

下面，将从概况、重要事件及成果等不同的角度，对深圳市工程监理行业的历史沿革分阶段进行回顾。

一、起步阶段（1985～1991年）

（一）概况

深圳作为全国工程监理试点的主要城市之一，既经历了探索的艰辛，也享受了取得丰硕成果的喜悦。1985年6月，为了贯彻深圳市建设领域经济体制改革，满足建设管理社会化、专业化的需要，深圳市政府批准成立了8家工程地盘管理公司，其业务范围主要是：接受建设单位或业主的委托，派出地盘管理机构，代表建设单位对建设项目从施工准备到竣工验收全过程实行管理和监督。

地盘管理公司应该说是深圳工程监理行业的雏形或前身，其成立和相关管理办法的制定实施，标志着深圳工程监理制度的开始。实践证明，地盘管理公司受建设单位的委托，代表建设单位进行工程地盘管理的模式，对于提升工程质量，促进工程建设相关各方信守合同等方面，都有着明显的成效；同时，也为日后深圳建设监理行业的发展积累了一定经验。

在该阶段，深圳监理行业的主要任务是借鉴香港的成功做法，在实践中不断尝试，积极探索适合深圳本地实际情况的行业发展道路，其主要特征是：监理企业没有专项的执业资质；从业人员没有专项的执业资格；监理企业的管理模式和项目机构的组织形式多样；监理取费没有标准；有关监理行业的法规、标准尚未制定。

在深圳8家地盘管理公司成立了3年之后，即1988年，国家开始在包括深圳市在内的八市两部进行建设监理制度的试点。同年7月25日，建设部印发了《关于开展建设监理工作的通知》（建建字〔1988〕第142号），提出了建立具有中国特色的建设工程监理制度，该通知的发布，标志着中国建设工程监理事业的正式开始。同年11月28日，建设部又颁发了《关于开展建设监理试点工作的若干意见》，进一步确立了国内建设工程监理的地位，为深圳工程监理行业的发展指明了方向。

1989年7月，建设部发布《建设监理试行规定》（〔1989〕建建字第367号），阐明了建设监理制的两个层次（即政府监理和社会监理），指出建设监理的依据是国家工程建设的政策、法律、法规，政府批准的建设计划、规划、设计文件以及依法成立的工程承包合同等。该规定的发布实施，使国内建设监理制度的推行有法可依，并在推动全国建设工程监理制度的同时，进一步促进了深圳工程监理行业的健康发展。

1990年，广东省建委在深圳市召开全省建设监理工作座谈会，传达了全国第三次建设监理试点工作会议精神，对全省进一步开展建设监理工作作了部署，确定将广州、深圳、珠海、汕头、惠州、佛山、江门等市和省交通、电力、港务等厅（局）作为广东省首批试点城市和部门，由此确立了深圳市工程监理行业在全省建设监理领域的试点领先地位。

1992年底，全国监理行业尚处于试点阶段，有28个省、市、自治区以及国务院20个工业、交通等部门先后开展了建设工程监理工作。而在全国建设监理试点工作结束之前，深圳市监理行业已步入了快速发展阶段。

（二）重要事件及成果

1985年5月6日，深圳市政府发布深府复〔1985〕96号文，批准成立了表1-1所列8家工程地盘管理公司，并制定了《深圳市地盘管理办法》，在该办法中，具体规定了地盘管理企业和机构的设置方式、业务范围，可以说，该办法的颁布标志着深圳市的工程监理进入了起步阶段。

深圳地盘管理老八家资料表   表1-1

序号	老八家工程监理公司原名称	原隶属单位	现公司名称
1	深圳市工程地盘管理公司	深圳市建设（集团）公司	深圳市建控地盘管理公司
2	粤发工程地盘管理公司	中建广东分公司深圳四公司	—
3	京发工程地盘管理公司	中建二局一公司（深圳）	—
4	中建三局深圳工程地盘管理公司	中建三局深圳经理部	深圳现代建设监理有限公司
5	深圳华西工程地盘管理公司	华西企业公司	深圳市华西建设监理有限公司
6	华泰企业公司工程地盘管理公司	华泰企业公司	—
7	一冶南方分公司工程地盘管理公司	一冶南方分公司	—
8	京圳工程地盘管理公司	京圳建筑开发公司	深圳京圳建设监理公司

地盘管理公司和地盘管理机构的构成规定体现在以下两个方面：

（1）地盘管理公司一般应有30~40人，以管理4~6个地盘为宜。这是最早的关于人员配备方面的规定，并为以后监理政策的制定提供了参考。

（2）地盘管理机构人数视工程规模大小而定，一般情况下，大型地盘10~15人，中型地盘6~10人，小型地盘4~6人。地盘管理机构设地盘管理经理，对整个工程施工实行全面负责，机构中另有土建及其他专业人员（包括电气、机械专业人员等）。

在该阶段，建设部与深圳市出台了与监理行业有关的规范性文件，见表1-2。

起步阶段出台的法规及规范性文件一览表   表1-2

序号	规范性文件名称	印发机构	印发时间
1	深圳市地盘管理办法	深圳市政府	1985年
2	关于开展建设监理工作的通知（建建字〔1988〕第142号）	建设部	1988年
3	关于开展建设监理试点工作的若干意见	建设部	1988年
4	建设监理试行规定（建建字〔1989〕第367号）	建设部	1989年

地盘管理公司成立之后，在许多项目中发挥了重要作用，取得了显著成果。例如，取得了国家优质工程奖或省、市优质样板工程奖的中国人民银行大厦、南海大酒店、市图书馆、体育馆等工程，在建设过程中都实行了地盘管理。这些工程的获奖既是对深圳建筑工程质量的肯定，也是对深圳监理的肯定，为深圳监理工作的全面推行、监理制度的完善增强了信心和动力。此阶段获得的成果，为深圳监理行业的快速发展积累了宝贵经验。

二、快速发展阶段（1992~1995年）

（一）概况

进入1992年以后，深圳监理行业步入了快速发展阶段，至1993年底，深圳监理企业已有48家。而在这一时期，正值国家对工程监理制进行区域试行的阶段。作为中国监理行业的一份子，深圳在人员培训、企业发展的规范及政策法规、标准的制定方面，大胆尝试、不断总结、积累经验，充分发挥了试验田的作用。既把深圳监理行业的发展与国家的相关行业制度相结合，又兼顾深圳特区经济快速发展的实际需要。当全国工程监理制尚未进入全面推行阶段的时候，深圳监理行业已经步入快速发展阶段，走在了全国工程监理行业发展的前列。

1. 自营监理和社会监理并存的监理管理模式

在深圳工程监理制度建立初期，考虑到行业管理的实际需要，深圳市的工程监理单位分为自营性和社会性两种，只设资格许可，没有实行资质分级管理。其中，经市政府批准成立、建设局审查合格，取得《监理资格证书》，并在市工商行政管理局登记注册取得营业执照的工程监理单位，可以在社会上自行承接工程监理业务，也就是社会性监理单位；而自营性建设监理单位是指具有较强专业技术力量的建设单位经市建设局进行审查合格、取得《自营性建设监理单位资格证书》，对本单位投资项目实施监理的单位，自营性的工程监理单位不能在社会上承接工程监理业务。至1993年，深圳市先后批准成立了约48家自营性和社会性建设监理公司，这两种监理单位并存的格局是在深圳监理行业的发展过程中所形成的，在当时的具体情况下，具有其必要性和合理性。

深圳工程监理企业大多从设计单位或工程开发企业改制而来，最初作为设计单位或工程开发企业内部单独的职能部门，不仅承担本企业建设项目的工程监理服务，也对外提供工程监理服务，随着监理业务数量的增加，这一类内部职能部门有的升级为本企业名下的子公司，即自营性监理公司。但由于自营性监理公司和自己母公司的从属关系，在对本企业自建项目实施监理时，客观上难以保证公正地发挥监督职能，为了保证工程监理能够作为独立第三方，以便公平、公正地开展工程监理业务，深圳市政府对这种自营性的监理公司进行了适时的调整，鼓励其成为具有独立法人地位的社会监理公司，实现自身独立法人的地位。正是在这一阶段，基于上述原因，深圳市部分自营性监理单位成功改组为社会性监理公司。

2. 工程监理的制度建设取得突破

1992年1月，建设部发布了《工程建设监理单位资质管理试行办法》（建设部令第16号），主要内容包括：监理单位的设立，监理单位的资质等级与监理业务范围，中外合营、中外合作监理单位的资质管理，监理单位的证书管理，监理单位的变更与终止，以及罚则等。为了更好贯彻执行建设部第16号令，同年12月，深圳市建设局印发了《深圳市建设监理试行办法》（深建字〔1992〕138号）。

同时，为了扶持深圳监理行业的发展，针对深圳特区物价指数较高，而国家当时的取费标准偏低的问题，市建设局提请市物价局印发了《关于深圳市工程建设监理费收费标准的批复》（深物价〔1992〕22号），深圳成为国内第一个拥有地方工程建设监理费收费标准的城市。该取费标准明显高于当时国家颁布的取费标准，充分体现了深圳地方政府相关主管部门对监理行业发展的重视和支持。

1993年5月，第五次全国建设监理工作会议总结了全国从1988年起4年多来监理试点的工作经验，宣布结束试点工作，进入区域推行的新阶段。会议同时提出了区域推行阶段的主要任务，内容包括：健全监理法规和行政管理制度；大中型工程项目和重点工程项目均需实行工程监理；监理队伍的规模要和基本建设的发展水平相适应，基本满足监理市场的需要；要有相当一部分监理单位和监理人员获得国际同行的认可，并进入国际建筑市场。此次会议指明了工程监理行业进一步发展的方向，对国内工程监理行业的管理提出了更高的要求；同时，对工程监理执业起到一定的规范作用。而在这一次会议上所出台的相关政策精神，很多都和深圳市的做法相一致。这不仅是对深圳工程监理行业多年来开拓创新成果的肯定，同时也给深圳监理同仁以极大的鼓舞，大大增强了深圳监理同仁推动行业健康发展的信心和决心。

3. 监理人才培训取得巨大成效

为了解决工程监理人才不足和业务水平不高的问题，对监理从业人员进行了大规模的培训。从1994年8月开始，作为建设部指定的定点培训机构之一，深圳大学负责了深圳市工程监理人员的培训工作，每期培训班为三个月，全部脱产学习，主要面向监理公司和建设单位的技术和管理骨干，培训合格人员由建设部颁发监理工程师培训证书。在这段时间里，深圳市2000多人参加了正规的培训并考试合格，取得了建设部颁发的上岗资格证书。这些学员系统地学习和掌握了工程监理的理论和实务，在监理企业中发挥了重要的作用，为深圳监理行业的快速发展奠定了人才基础。1994年，人事部和建设部联合开始试行并最终实施了全国监理工程师的考试和注册执业制度。1997年后，这种脱产培训的人才培养模式逐步被执业资格考试所取代。

4. 监理行业发展迅速，政府着手进行规范

在该阶段，深圳市的监理企业和从业人员数量都形成了一定的规模。至1995年10月，深圳市已有监理单位134家（甲级18家），其中社会性监理单位78

家，自营性监理单位 55 家，从业人员 5363 人，获得国家监理工程师资格证书的 304 人，经建设部指定院校培训并获得结业证书的 1500 余人；在此后的 4 年里，深圳市每年工程监理产值超千万的企业有近 20 家，有些企业年纳税近 400 万。在 1993 年、1995 年和 1996 年，深圳监理企业数量与监理从业人员数量在国内监理行业所占的比重如表 1-3 所示：

监理企业、监理人员数量所占全国比重一览表　　　　表 1-3

时间\项目	区域	监理企业总数	深圳监理单位总数占全国监理单位总数比率	从业人员数（万人）	深圳监理从业人员数占全国监理从业人员数比率
1993 年	全国	886	5.40%	4.200	4.64%
	深圳	48		0.195	
1995 年	全国	2100	6.05%	10.200	5.26%
	深圳	134		0.5363	
1996 年	全国	6043	1.66%	51.455	2.35%
	深圳	100		1.209	

从表中可以看出，深圳监理企业数量从 1993 年的 48 家猛增至 1995 年的 134 家，其中，自营性监理单位 55 家，仅两年的时间，监理企业数增长了 179%，监理企业的总数占全国监理企业总数近 6%。企业数量的高速增长带来了有资格的监理人员不足、企业服务水平参差不齐的问题，个别监理单位的不规范行为甚至严重影响了监理行业的声誉。1993 年，为了保证深圳市工程监理行业的服务质量，市建设局对深圳市建设监理单位进行了检查考核、年审和在监项目的抽查，引导深圳监理行业向着健康的方向快速发展。10 月 28 日，市建设局印发了《关于对深圳市建设监理单位进行检查考核情况的通报》（深建字〔1993〕208 号），对监理服务存在问题的一批监理单位，进行了通报和处罚。另一方面，为了控制监理企业数量，保证监理企业质量，1994 年 8 月 3 日，深圳市建设局对市政协一届五次会议《关于严格控制监理单位膨胀，按监理单位公司资质划分其工作范围》的提案予以书面回复（深建函〔1994〕12 号），并采取措施进行落实，一定程度上控制了监理企业数量的增加，而且明确规定了甲、乙、丙级三种资质的监理公司所能承担的监理业务范围，保证了深圳监理行业稳步、有序的发展。

1995 年 9 月，深圳市人大常委会通过了《深圳经济特区建设监理条例》，在全国率先推出第一部建设监理方面的法规，使深圳成为全国第一个有地方监理法规的城市，为工程监理制的健康发展提供了法律的保障。《条例》要求所有自营性监理单位必须改组为具有独立法人的社会性监理企业，这一举措拉开了深圳市监理企业改组工作的序幕，使一些人员素质较高、管理规范的自营性监理单位变成了真正意义上的社会性监理企业，淘汰了一批内部管理混乱的自营性监理单位，净化了市场，使深圳的监理行业向着"保证质量、控制数量"的良性方向发展。

（二）重要事件及成果

在该阶段，建设部与深圳市出台了表1-4所列的与监理行业有关的规范性文件：

快速发展阶段出台的法规及规范性文件一览表　　　　　　　表1-4

序号	规范性文件名称	印发机构	印发时间
1	工程建设监理单位资质管理试行办法（建设部令第16号）	建设部	1992年
2	关于发布建设工程监理费有关规定的通知（价费字〔1992〕479号）	国家物价局和建设部	1992年
3	关于深圳市工程建设监理费收费标准的批复（深物价〔1992〕22号）	深圳市物价局	1992年
4	深圳市建设监理试行办法（深建字〔1992〕138号）	深圳市建设局	1992年
5	关于对深圳市建设监理单位进行检查考核情况的通报（深建字〔1993〕208号）	深圳市建设局	1993年
6	关于严格控制监理单位膨胀，按监理单位公司资质划分其工作范围（深建函〔1994〕12号）	深圳市政协	1994年
7	深圳经济特区建设监理条例（深圳市人民代表大会常务委员会公告第13号）	深圳市人大常委会	1995年

1. 深圳市监理取费标准正式颁布

1992年9月18日，国家物价局和建设部联合发出了《关于发布建设工程监理费有关规定的通知》(〔1992〕价费字479号)，明确了我国委托监理合同的计价方式主要有两种，一种是成本加酬金方式，另一种是按所监理工程概（预）算的百分比计算总酬金。但是，该标准是针对全国的，没有考虑到深圳的特殊情况。由于深圳特区当时的物价水平比国内平均物价水平高出很多，按照国家的取费标准，深圳监理企业的发展将会面临一定的困难。为扶持深圳监理行业的发展，深圳市建设局和物价局专门针对深圳市的特殊情况展开了调研，并最终于1992年10月印发了《关于深圳市工程建设监理费收费标准的批复》（深物价〔1992〕22号)，该文件的颁布实施对未来深圳市监理行业的稳步发展起到了十分重要的作用。

背景资料

国家 1992 年取费标准与深圳市 1992 年取费标准对比表

项目阶段	国家 1992 年取费标准		深圳市 1992 年取费标准	
	工程造价 M（万元）	取费标准 a（%）	工程造价 M（万元）	取费标准 A（%）
建设前期			≥300	0.1～0.2
设计阶段	工程概算 M（万元）	取费标准 a（%）	M≥300	0.2～0.3
	M＜500	0.2＜0.a		
	500≤M＜1000	0.15＜a≤0.2		
	1000≤M＜5000	0.10＜a≤0.15		
	5000≤M＜10000	0.08＜a≤0.10		
	10000≤M＜50000	0.05＜a≤0.08		
	50000≤M＜100000	0.03＜a≤0.05		
	100000≤M	a≤0.03		
施工准备阶段			≥300	0.1～0.3
施工阶段及保修阶段	工程预算 M（万元）	监理取费 b（%）		
	M＜500	2.50＜b	M＜500	2.5～3.0
	500≤M＜1000	2.00＜b≤2.50	500≤M＜1000	2.0～2.5
	1000≤M＜5000	1.40＜b≤2.00	1000≤M＜3000	1.8～2.0
	5000≤M＜10000	1.20＜b≤1.40	3000≤M＜5000	1.6～1.8
	10000≤M＜50000	0.80＜b≤1.20	5000≤M＜10000	1.3～1.6
	50000≤M＜100000	0.60＜b≤0.80	10000≤M	1.0～1.3
	100000≤M	b≤0.60		

参照上表，以 5 千万元到 1 亿元的项目为例，在施工阶段国家规定的取费标准是 1.2%～1.4%，如工程总预算为 5000 万元，则监理费用在 60 万元～70 万元之间。深圳的取费标准为 1.3%～1.6%，相应的监理费用在 65 万元～80 万元之间，可以看出深圳的取费标准要明显高于全国的取费标准。

2.《深圳市建设监理试行办法》颁布，强制监理开始实行

1992 年 12 月 1 日，市建设局印发了《深圳市建设监理试行办法》(深建字〔1992〕138 号)。在该办法中规定，实施监理的范围包括：建设前期阶段、设计阶段、施工招标阶段、施工阶段、保修阶段；建设单位可根据需要，委托一个监理单位承担全部阶段的监理，也可委托几个监理单位先后承担不同阶段的监理，并规定了全过程监理的取费办法；造价在 100 万元以上的建设工程项目，必须实行建设监理。正是从这一文件颁布开始，强制监理有了明确的依据，1997年，《中华人民共和国建筑法》颁布，强制性监理作为一项制度，在国内建设领域被正式确立。

3. 深圳市监理工程师协会成立

1995年4月，由16家工程监理企业作为发起人，报经政府主管机构批准，成立了深圳市建设监理协会，同年9月，《深圳经济特区建设监理条例》颁布，按照《条例》的规定，11月深圳市建设监理协会更名为深圳市监理工程师协会。成立协会的目的是为进一步维护监理企业和监理从业人员的合法权益，协调监理企业之间关系，维护监理行业公平竞争环境，沟通监理企业与政府之间的联系，促进监理行业的健康发展。深圳市监理工程师协会的成立，标志着深圳的工程监理行业已经形成规模，并走上自我约束、自我发展的道路。

同年12月29日，市监理工程师协会在小梅沙建设培训中心召开成立大会，多个部门和单位派代表参加，并通过了协会章程。在之后监理行业的整个发展过程中，监理工程师协会发挥了重要作用，如督促监理行业自律、维护监理行业的合法权益，以及组织进行监理人员培训与考察学习等一系列活动。

4. 《深圳经济特区建设监理条例》颁布

1995年9月，深圳市人大常委会通过并颁布了《深圳经济特区建设监理条例》，成为深圳监理行业发展过程中的标志性事件，为深圳工程监理制的健康发展奠定了法律基础。该《条例》一方面对工程监理的内容、监理工程师、监理工程师事务所、监理工程师协会、监理业务的实施，以及外资、中外合资和国外贷款工程建设项目的监理等事项作出了明确的规定。另一方面，要求所有自营性监理单位必须改组为具有独立法人的社会性监理单位（当时深圳市有自营性监理单位55家）。按照《条例》的规定，政府行政主管部门和监理工程师协会多次组织召开关于改组自营性监理单位的专题座谈会，使自营性监理单位及时了解改组的目的、意义和基本做法，并对自营性监理单位的改组进展情况进行跟踪督促。

三、规范调整阶段（1996~2002年）

（一）概况

经历了1992~1995年的高速发展之后，深圳监理行业从提高人员素质、实行总监负责制、加强企业内部管理、规范合同文本、实行招投标制和调整监理取费等方面入手，对工程监理行业的工作行为进行了规范，进一步推动了整个行业的发展，强化了监理的社会地位。具体来看，这一阶段的调整包括以下几个方面：

1. 自营性监理单位完成改组，企业更加注重内部管理

在本阶段，自营监理和社会监理并存的监理管理模式不复存在，完全解决了自营监理这一历史遗留问题。1997年初，随着深圳市建设局对监理企业改组和撤并工作的不断深入，最终顺利完成了全市自营性监理单位的改组工作，一批综合实力较强的自营性监理单位功转化为真正意义上的社会性监理企业，个别综合实力较弱、内部管理较为混乱的自营性监理企业被撤并，监理企业总数减少到100家，总数减少25%，深圳监理行业的整体素质和监理服务水平得到提高。

与此同时，监理企业普遍开始实施ISO质量管理体系认证，以此提高企业的内部管理水平，通过规范化、制度化的管理，提升企业的经济效益；在技术方面，各企业开始大量引进专业技术人才，培训企业技术骨干。经过几年的调整和规范，许多监理企业提升了自身的核心竞争力，从行业中脱颖而出，监理行业整体服务水平大大提高。

2. 颁发地方监理工程师证书，弥补监理上岗资格不足

在该阶段，由于强制监理推行，监理的覆盖面大大增加，监理企业对监理工程师的需求持续增加，一年一度的国家注册监理工程师资格考试已远远不能满足强制监理对监理人才的需求，注册监理工程师短缺的问题十分突出。为解决这一问题，1996年初，深圳市充分考虑自身实际，率先推出了相当于"地方粮票"的"深圳市监理工程师"，从而成为全国第一个实行监理工程师自行出题、自行考试、自行录用上岗的城市。经深圳市建设局与深圳大学联合组织进行的专项监理业务培训、考试，全市共有1200余名监理从业人员取得了"深圳市监理工程师"资格，这一做法不仅缓解了当时深圳市推行强制性监理所带来的监理从业人员数量严重不足的问题，而且极大地激发了一批暂时未能通过国家注册监理工程师资格考试的监理从业人员的工作热情，对深圳市强制监理的推行起到了决定性的作用，同时也给内地许多省市提供了借鉴的先例。

3. 全面实行总监负责制、监理招投标制与合同备案制

1997年，深圳市建设局推出了总监负责制、监理招投标制与合同备案制等一系列的新举措，进一步规范了深圳的建设监理市场。

（1）总监负责制。1999年6月，市建设局印发了《深圳市监理工程师管理暂行办法》（深建管〔1999〕58号），要求在建设工程项目中实行总监负责制，并对总监负责制的内涵以及总监的责任范围进行了明确，由此拉开了实行总监负责制的序幕。

（2）监理招标投标制。深圳市建设工程招标投标起步较早、发展迅速，1991年，率先将招标投标机制引入建设工程领域，开始了建设工程招标投标的实践和探索。1993年，深圳市颁布实施了全国第一部施工招标投标地方性法规《深圳经济特区建设工程施工招标投标条例》，标志着深圳市建设工程招标投标走上了法制化轨道。1995年，《深圳经济特区建设监理条例》对深圳市监理行业的招投标作出了明确的法律规定，要求政府投资、行政事业单位自筹资金投资、国有企业投资的工程，需通过招标方式选择监理企业，《条例》的这一要求使得深圳市建设工程招投标体系更加完善，也使深圳成为最早实行监理招标投标制的城市之一。

（3）监理合同备案制。针对部分监理企业通过不正当竞争获得监理业务、与建设方签订阴阳两份合同的问题，备案制规定监理合同签订后15日内，必须到深圳市建设局备案。合同备案制强化了政府主管部门对合同工期、价格等的审查，在一定程度上起到了遏制"霸王条款"和"阴阳"合同的作用。

4. 实施监理工程师分级管理，开展全市监理人员的岗位培训

（1）试行监理工程师分级管理。1999年6月3日，深圳市建设局印发了《深圳市监理工程师管理暂行办法》（深建管〔1999〕58号），决定对监理工程师实行分级管理，把监理工程师分为一级和二级（国家行政许可法颁布后，深圳市对监理工程师实施分级管理的做法也随之终止）。自1999年8月5日至2000年1月，深圳市监理工程师协会协助市建设局对全市首批1192名注册监理工程师进行了分级评定并建立了个人档案资料，2000年5月15日，市建设局公布了第一批深圳市一、二级监理工程师名单，其中，一级监理工程师448名，二级监理工程师720名。至2001年12月，先后共公布了三批一、二级监理工程师名单，总计一级监理工程师684名，二级监理工程师1547名。通过实行分级管理，明确了不同级别的监理工程师所能承担的监理业务的工程规模，还通过两年一次的审验考核来调整监理工程师的原有分级，对监理工程师进行动态管理。

（2）全面开展全市监理人员的岗位培训工作。自1999年1月4日～12月7日，深圳市监理工程师协会联合深圳大学建设监理研究所分别在南山、龙岗和市区举办了11期监理从业人员上岗培训班。通过培训，提高了广大监理人员的理论水平和实际操作能力，监理行业从业人员的总体素质普遍得以提升。

5. 法律法规建设取得重大进展

在该阶段，深圳市建设局制定并颁布了一系列相关的规范性文件，如表1-5所示。

规范调整阶段出台的法规及规范性文件一览表　　　　表 1-5

序号	规范性文件名称	印发机构	印发时间
1	深圳经济特区建设监理条例实施办法（试行）	深圳市建设局	1996 年
2	深圳市监理合同示范文本	深圳市建设局	1997 年
3	关于试行《深圳市工程建设监理单位经营范围规范标准》的通知（深建管〔1998〕18 号）	深圳市建设局	1998 年
4	关于加强监理单位从业资格管理若干问题的通知（深建管〔1998〕25 号）	深圳市建设局	1998 年
5	关于实行监理从业人员执证上岗的通知	深圳市建设局	1998 年
6	深圳市监理工程师管理暂行办法（深建管〔1999〕58 号）	深圳市建设局	1999 年
7	深圳市建设工程质量监督办法（试行）（深建施〔2000〕15 号）	深圳市建设局	2000 年
8	深圳施工监理规程	深圳市建设局	2000 年
9	深圳市工程建设监理费规定（深价〔2000〕183 号）	深圳市物价局 深圳市建设局	2000 年
10	深圳市监理招标投标管理办法	深圳市建设局	2001 年
11	深圳经济特区建设监理条例（修订版）	深圳市人大常委会	2002 年
12	关于严格执行建设部《工程监理企业资质管理规定》、加强工程监理人员从业管理的通知（深建科〔2002〕14 号）	深圳市建设局	2002 年

（1）1996 年，深圳市建设局印发《深圳经济特区建设监理条例》实施办法（试行），提倡对总投资额在 100～300 万元、由政府投资、行政事业单位自筹资金或国有企业投资的项目实施监理，并规定允许建设单位自主选择监理单位。此外，还规定委托监理的建设项目，其竣工验收申请报告应当经项目总监或其代表签字认可，工程完工时建设单位未按规定支付监理费的，监理单位有权拒绝在竣工验收申请报告和工程结算书上签字盖章。这赋予了监理企业和监理人员较大的权利，体现深圳市政府建设行政主管部门对工程监理的重视和支持。

（2）1999 年 6 月，深圳市建设局印发的《深圳市监理工程师管理暂行办法》，对监理工程师注册、监理工程等级、监理工程师管理，以及总监负责制等问题明确加以规定，既确立了监理工程师的地位，拉开了实行总监负责制的序幕，同时也对监理工程师的规范化管理提出了具体的要求。

（3）2000 年，《深圳市建设工程质量监督办法（试行）》的出台，进一步明确了工程监理在质量、安全管理等方面的法律责任、权利和义务，要求监理企业建立符合规定、专业人员配套齐全的项目监理机构，落实总监负责制，并要求监理机构必须在施工阶段，对关键部位、关键工序的施工质量实施全过程的现场旁站监督。

（4）2002年，《关于严格执行建设部〈工程监理企业资质管理规定〉、加强工程监理人员从业管理的通知》（深建科〔2002〕14号）文件则要求从2003年1月1日起，停止使用《深圳市监理工程师执业证书》，统一使用国家监理工程师执业资格证书，至此，深圳监理行业的"地方粮票"正式结束了历史使命。

6. 监理工程师协会自身建设不断加强，行业纽带和引导作用日趋明显

2002年1月28日，深圳市监理工程师协会表决通过了修订后的《深圳市监理工程师协会章程》，并在此基础上提出了加强协会自身建设的工作目标。2002年底，市监理工程师协会成立了招标代理分会，在深圳市从事工程招标代理的企业被吸收入会，协会的会员队伍和服务范围得到进一步扩充。

作为监理行业的联系纽带，监理工程师协会在组织交流、共谋发展方面一直发挥着重要的作用。在协会的组织和引导下，本市监理同行之间，与国内同行和国际同行之间的交流不断，仅在1998年至2001年间，协会就先后16次组织企业对全市许多颇具影响的工程项目现场及监理机构进行观摩，通过现场观摩和交流，增进了监理企业相互间的学习了解，构建起监理企业之间经验共享、共谋发展的平台。同时，协会也致力于加强与其他省市同行的学习与交流，通过走出去、请进来的方式，每年组织会员单位到监理工作开展比较好的省市去考察学习，同时邀请其他省市同行来访交流。仅2000年一年，就先后与全国12个省、市40家监理协会及单位进行了多方面的交流学习。

在维护监理市场的竞争秩序、确保行业的健康发展方面，监理工程师协会也发挥了十分重要的作用。2000年12月，在监理工程师协会第二届四次常务理事会上通过了《深圳市监理行业压价竞争的罚则》，并于2001年1月1日开始施行。《罚则》对会员单位压价竞争的不良行为明确加以界定，并作出了具体的处罚规定，体现了行业内部自我约束，确保健康发展的意识已经成型。在监理工程师协会的努力和广大监理企业、监理从业人员的支持和配合下，深圳监理行业已开始走向自我探索、自我约束、自我提高的发展道路，行业协会的凝聚力大大增强，行业纽带和引导作用日趋明显。

7. 监理服务收费标准调整工作开始启动

尽管深圳市1992年颁布的监理取费标准比国家标准高出许多，但从深圳特区的实际情况来看，1992年后物价上升很快，原有的取费标准已不能适应深圳总体物价水平的变化，收费标准偏低已成为困扰大多数监理企业的问题。适当调整监理服务的收费标准已成为当时一项十分紧迫的任务。因此，经市建设局授

权，市监理工程师协会从1996年开始为调整监理取费进行了大量的测算与调研工作，并在广泛调研的基础上起草了《工程项目监理人员配置参照表》和《关于工程项目监理人员配置参照表的说明》，为政府主管部门调整收费标准提供了重要的决策依据。

2000年12月，市物价局和市建设局联合印发了《深圳市工程建设监理费规定》(深价〔2000〕183号)。该《规定》的收费标准比1992年的取费标准有了较大幅度的提高，对促进深圳市监理行业的发展起到了巨大的推动作用。直到2007年，国家发展改革委、建设部联合发布《建设工程监理与相关服务收费管理规定》(发改价格〔2007〕670号)，《深圳市工程建设监理费规定》才停止使用。

背景资料

国家2007年取费标准与深圳市2000年取费标准对比表

项目阶段	国家2007年取费标准	深圳市2000年取费标准	
		工程估算 M（万元）	取费标准 A（%）
建设前期	按提供服务的监理服务人员的人工日费用标准计算服务收费。其中： (1) 高级专家1000~1200元/人工日； (2) 高级专业技术职称800~1000元/人工日； (3) 中级专业技术职称600~800元/人工日； (4) 初级及以下专业技术职称300~600元/人工日	$M \leq 300$	0.4
		1000	0.37
		5000	0.35
		10000	0.3
		30000	0.29
		50000	0.25
		100000	0.2
		$M \leq 300000$	0.18
		工程概算 M（万元）	取费标准 B（%）
设计阶段	按提供服务的监理服务人员的人工日费用标准计算服务收费。其中： (1) 高级专家1000~1200元/人工日； (2) 高级专业技术职称800~1000元/人工日； (3) 中级专业技术职称600~800元/人工日； (4) 初级及以下专业技术职称300~600元/人工日	$M \leq 300$	0.44
		1000	0.4
		5000	0.35
		10000	0.31
		30000	0.26
		50000	0.22
		100000	0.18
		$M \leq 300000$	0.16

续表

阶段 \ 项目	国家2007年取费标准			深圳市2000年取费标准			
				工程估算 M（万元）	取费标准 A（%）		
施工准备阶段	没有此阶段			工程造价 M（万元）	取费标准（%）		
				≥300	0.33		
	计费额（万元）	收费基价（万元）	费率（%）	工程造价 M（万元）	取费标准（%）		
					一等工程	二等工程	三等工程
施工阶段及保修阶段（国家收费只是施工阶段）	500	16.5	3.30	M≤300	4.40	4.20	4.00
	1000	30.1	3.01	1000	3.50	3.30	3.10
	2000	54.1	2.71	2000	3.20	3.00	2.80
	3000	78.1	2.60	3000	3.00	2.80	2.50
	5000	120.8	2.42	5000	2.80	2.40	2.20
	8000	181.0	2.26	8000	2.62	2.28	2.08
	10000	218.6	2.19	10000	2.50	2.20	2.00
	20000	393.4	1.97	20000	2.35	2.10	1.90
	30000	550.7	1.83	30000	2.20	2.00	1.80
	40000	708.2	1.77	40000	2.10	1.90	1.65
	50000	849.8	1.70	50000	2.00	1.80	1.50
	60000	991.4	1.65	60000	1.96	1.74	1.46
	80000	1255.8	1.57	80000	1.88	1.62	1.38
	100000	1507.0	1.51	100000	1.80	1.50	1.30
	200000	2712.5	1.36	200000	1.65	1.40	1.20
	300000	3797.6	1.27	M≥300000	1.50	1.30	1.10
	400000	4882.6	1.22				
	600000	6835.6	1.14				
	800000	8658.4	1.08				
	1000000	10390.1	1.04				

注：国家取费中计费额处于两个数值区间的，采用直线内插法确定施工监理服务收费基价。计费额大于1000000万元的，以计费额乘以1.039%的收费率计算收费基价。为了方便施工阶段的监理收费对比，对于缺失的收费基价（深圳标准为取费标准），按规定采用直线内插法进行补充，并在国家取费标准增加了"费率（%）"项。

以施工监理收费为例，国家规定，施工监理服务收费 = 施工监理服务收费基准价 × （1 ± 浮动幅度值）。其中，施工监理服务收费基准价 = 施工监理服务收费基价 × 专业调整系数 × 工程复杂程度调整系数 × 高程调整系数。以造价为5000万的建设工程为例，不考虑浮动，按国家规定其施工监理服务收费 = 120.8 × 1 × 1 × 1 × （1+0） = 120.8万。而深圳为5000 × 2.4% = 120万，由此可见收费水平基本相当。回顾1992年深圳制定的取费标准，当时要超过国家标准0.1%到0.2%左右，而现行的2000年深圳监理取费标准已经与国家标准持平。

8. 工程监理服务的范围得到扩充

2000年7月，深圳市信息化建设委员会办公室制订了《深圳市信息工程建设管理办法实施意见》，要求使用财政性资金，投资规模在100万元以上的信息工程建设项目必须"进行立项、招投标、监理、质量监督、验收"。该《实施意见》的出台，扩大了深圳监理行业的服务范围，对深圳监理行业的进一步发展起到了一定的促进作用。

（二）重要事件及成果

1. 内地、香港工程建设监理交流研讨会在深圳召开

协会成立后，加强了深圳和香港、其他国际同仁的联系和交流，先后同香港建设管理交流中心、香港建筑署工料测量师协会、香港测量师学会、英国建筑测量师学会、英国土木工程测量师学会等行业团体相互派出了访问交流团，通过交流，增加了彼此间的了解，开阔了视野，研讨并寻求行业未来发展的空间和机遇。

1997年5月30日至6月1日，中国建设监理协会与香港工程师协会建造部、英国特许建造学会（香港），在深圳市新园大酒店联合召开"97内地、香港工程建设监理交流研讨会"。该次会议受到建设部领导和香港有关部门领导的高度重视，受中国建设监理协会委托，深圳市监理工程师协会协办会务工作。在该次交流会上，来自内地和香港共200多名工程建设监理行业的专家、学者，相互交流了各自开展建设监理的做法和经验，并就如何搞好建设监理工作，提高建设监理服务水平进行研讨。通过该次交流会，深圳监理同仁再次向全国监理同行宣传了深圳监理行业所取得的成绩。

2.《深圳市施工监理规程》颁布

深圳市工程监理的实践表明，工程监理制度对于建设项目的质量、进度及投资的控制起到了积极的作用，但是，监理从业人员在具体项目上的工作模式不尽相同，工作效果参差不齐。为了规范监理从业人员的工作，使监理从业人员的工作有章可循，以促进工程监理的健康发展，2000年12月28日，市建设局联合深圳大学建设监理研究所编制并颁布了《深圳市施工监理规程》。该《规程》作为国内最早颁布实施的监理从业人员日常工作规范之一，对于促进深圳市监理从业人员日常工作的规范化、程序化发挥了非常重要的作用，在国内起到了很好的示范作用。

3.《深圳市监理合同示范文本》颁布实施

1997年，在深圳市建设局的领导下，市监理工程师协会专门成立了《深圳市建设监理合同》（示范文本）编写小组，开始了《深圳市建设监理合同》（示范文本）的起草工作，1997年底初稿完成，1998年初建设局批准在全市范围内推行。该合同示范文本的推行,对进一步明确建设单位与监理企业各自的责任、权利和义务,规范建设单位和监理企业的行为,维护合同双方的合法权益,起到了有效的促进作用。

4.《深圳市建设监理统一用表》颁布实施

为了进一步规范监理从业人员的日常监理工作,完善日常监理工作档案管理,市监理工程师协会组织科研院所及监理企业开始编制监理统一用表,并投入了巨大的人力、物力和财力,初稿完成后,建设局先后四次组织对其进行讨论和修改,1997 年底,建设局颁布了《关于要求使用〈深圳市建设工程监理统一用表〉的通知》(深建管〔1997〕48 号),该统一用表的实施,为深圳市监理单位实施规范化、标准化的监理工作奠定了基础。

2001 年初,又启动了工程监理统一用表的修编,得到了社会各界的大力支持。深圳大学王家远教授执笔,市建设局建管处多次组织相关各方进行研讨,最终由市建设局建筑业管理处、市监理工程师协会、深圳市城市建设档案馆、深圳市城建工程监理公司、深圳市建艺工程监理公司、深圳市中海工程监理公司、深圳市万科房地产开发有限公司、江苏一建深圳工程公司等审查定稿,2001 年 11 月 1 日起新修订完成的《深圳市建设工程监理统一用表》正式实施并一直沿用至今。该统一用表推出后,很快被内地许多省市监理同行所推崇、借鉴,为全国监理行业的规范化、标准化管理起到了示范作用。

5.《深圳监理》杂志创刊

1996 年初,深圳市监理工程师协会创办了《监理简报》,以传达政策、介绍经验和探讨监理理论为主要内容,该杂志的创办,为贯彻国家和省市有关监理行业的法律、法规,树立深圳监理行业形象,展现深圳监理同仁风采,鼓舞深圳监理同仁斗志作出了卓有成效的贡献。1997 年 10 月《监理简报》改名为《深圳监理》并于 2003 年通过了广东省新闻出版局的注册审批,正式成为双月刊,每年发行六期。

6.《深圳经济特区建设监理条例》修订颁布

随着经济环境的变化,为了适应国家行业发展,2002 年,深圳市人大常委会对 1995 年出台的我国第一部建设监理地方性法规《深圳经济特区建设监理条例》进行了修订,并于同年 11 月颁布实施。新《条例》将实行强制性监理的范围进行了适当的扩大,要求总投资 300 万元以上的工程项目必须实行监理,并将投资 300 万元以下的涉及公众安全的桥梁、地下通道等工程项目也纳入了必须监理的范围。同时,新《条例》为工程监理确立了"独立、客观、科学、公正和诚实"等基本原则,并特别强调监理企业必须要独立履行监理职责,不受建设单位、施工单位及其他单位或者个人的非法干预和左右。

四、稳步发展阶段（2003年~至今）

（一）概况

在前三个阶段探索积累的基础上，深圳市监理行业开始步入稳步发展的新阶段，主要表现在行业协会所发挥的引导作用日趋明显，行业自律、规范服务、苦练内功、通过提升监理服务水平谋求可持续发展成为业内人士的基本共识。

1. 监理工程师协会的自身建设迈上新台阶

2007年，为更好地适应行业发展的需要，深圳市监理工程师协会相继成立了"深圳市建设监理行业自律委员会"和"深圳市监理行业专家委员会"，分别负责组织开展全市监理行业的自律监督工作和全市监理行业的理论研究、技术推广和鉴定等工作，在其后的时间里，这两个委员会在各自负责的领域里发挥了十分重要的作用。

另一方面，为了向行业和全社会提供全方位的行业信息服务，市监理工程师协会完善了自身的信息化和网络化建设，通过协会网站，向社会展现深圳监理行业的风采，提升了监理行业的社会影响力，同时，也方便了会员单位及时了解国内外工程监理行业的动态，协会与会员单位之间、会员单位相互之间、会员单位与外界之间的沟通联系更加顺畅。

2. 工程监理的招投标管理得到强化

从1998年全国实行建设工程施工招标投标制度以来，在深圳市范围内，按规定应进行招标的工程施工招标率已达到100%，但招投标过程中的一些不规范行为却屡禁不止，工程监理服务的招投标也不例外。为遏制工程监理招标的幕后交易和暗箱操作，2004年6月，市建设局推出了监理招标采用先抽后评法、先评后抽法、先抽后评再抽法等招标定标办法。同时，为了防止个别招标人派出的评标代表或评标专家的不公正行为，市建设局在2004年底，还推出了由投标人直接抽签中标的定标办法，从某种角度上讲，这一做法的确消除了招标评标过程中的人为影响，但却导致部分综合实力较强的监理企业，因"屡抽不中"而陷入日常经营的困境。

针对上述工程监理招标、投标和评标过程所出现的诸多新问题，市建设局于2007年先后印发了《关于调整建设工程监理招标投标办法的通知》、《关于调整建设工程监理招标投标办法有关问题的补充通知》、《关于印发〈建设工程施工、监理资格后审招标投标规程〉（试行）的通知》等一系列规范性文件，对监理招标投标程序、相关文件文本、资格审查等作了明确的规定。其后，市建设局又分别于2008年7月印发了《关于规范建设工程监理招标行为的通知》，2009年7

月印发了《深圳市建设工程监理招标投标实施办法》(试行),2009年9月印发了《深圳市工程建设项目招标投标活动投诉处理办法》。

显然,工程监理的招投标已成为决定监理行业能否实现健康和可持续发展的关键,作为地方政府建设行政主管部门,在这么短的时间内,专门就工程监理招标投标接连发布了这么多的规范性文件,体现了市建设局治理、规范全市工程监理市场的决心,表现了市建设局与时俱进的开拓精神,而上述措施的推出和落实也有力地推动了全市工程监理行业的健康发展。

3. 工程监理的法律法规建设日趋完善

2003年以来,工程监理的相关法律法规进一步完善,除了上述有关工程监理招投标的文件外,深圳市建设局和相关部门还制定了一系列部门规章和文件。这一阶段颁布的相关法律法规如表1-6所示。

行业稳步发展阶段出台的法规及规范性文件一览表　　　　表1-6

序号	法规及规范性文件名称	印发机构	印发时间
1	深圳市政府投资工程预选承包商名录管理规定(试行)(深府〔2005〕114号)	深圳市人民政府	2005年
2	深圳市建设工程安全监理实施细则(征求意见稿)	深圳市安监站	2006年
3	建设工程监理与相关服务收费管理规定(发改价格〔2007〕670号)	国家发展改革委联合建设部	2007年
4	(1)关于调整建设工程监理招标投标办法的通知(深建市场〔2007〕49号) (2)关于进一步规范建设工程招标文件示范文本管理的通知(深建字〔2007〕123号) (3)关于调整建设工程监理招标投标办法有关问题的补充通知 (4)关于印发《深圳市建设工程合同备案办法》的通知(深建规〔2007〕3号) (5)关于印发《建设工程施工、监理资格后审招标投标规程(试行)》的通知(深建市场〔2007〕63号)	深圳市建设局	2007年
5	关于规范建设工程监理招标行为的通知(深建规〔2008〕1号)	深圳市建设局	2008年
6	关于加强工程监理管理,促进监理行业健康发展的通知(粤建管函〔2009〕316号)	广东省建设厅	2009年
7	深圳市建设工程监理招标投标实施办法(深建规〔2009〕4号)	深圳市建设局	2009年
8	关于贯彻国家发展改革委建设部《建设工程监理与相关服务收费管理规定》的通知(深价规〔2009〕1号)	深圳市物价局 深圳市建设局	2009年
9	深圳市建设工程施工监理规范(深建规〔2009〕2号)	深圳市住房和建设局	2009年

（二）重要事件及成果

1. 《深圳市建设工程施工监理规范》颁布实施

2001年1月开始施行的《深圳市施工监理规程》是当时国内最早的地方施工监理规程之一，在监理行业内产生了重要的影响，对规范深圳市的监理行为、提高监理服务质量起到了非常重要的作用。但是，规程从颁布施行到现在的8年时间里，国家相继颁布了《建设工程监理规范》、《建设工程安全生产管理条例》及《建设工程项目管理规范》等与工程监理相关的法律法规和技术标准，期间《深圳经济特区建设工程监理条例》、《深圳经济特区建设工程施工安全条例》也进行了修订。因此，2006年，市建设局委托深圳市监理工程师协会和深圳大学建设监理研究所对规程内容进行相应的修订和补充。经过近三年的调研、起草、讨论和修改并经深圳市法制办批准，2009年11月，深圳市住房和建设局正式颁布了《深圳市建设工程施工监理规范》。

该《规范》在遵守国家相关法律法规的前提下，结合深圳市有关法规和具体实际，明确了工程监理单位和项目监理机构实施工程监理的工作职责，系统归纳和细化了建设工程安全生产监理的职责和工作内容，突出了深圳市对安全生产监理工作的重视，同时，首次将环保、节能、节地、节水、节材等内容的监理，作为工程监理日常工作纳入监理规划，使其符合深圳市建筑节能工作的实际需求，有很强的针对性和可操作性。

2. 《政府工程预选承包商制度》开始实施

政府投资工程预选承包商制度是深圳借鉴香港、新加坡等地"政府工程牌"经验，在建设工程领域推出的一项重大改革措施，其根本目的是解决工程招投标"择优"问题。具体的做法是，设立深圳市政府投资工程预选承包商资格审查委员会，每年一次对申请承接政府投资工程的承包商进行资格审查，符合条件的进入政府投资工程预选承包商名单，未能进入该名单的施工企业或监理企业不得报名参与政府投资工程投标。

为了顺利地推行预选承包商制度，深圳市政府于2005年发布了《深圳市政府投资工程预选承包商名录管理规定（试行）》，并成立深圳市政府投资工程预选承包商资格审查委员会。随后，该委员会在规定期限内受理并审查了380家企业共547项资质的申请。经过专家小组评审、委员会审议，确定了列入名录的承包商初选名单，经公示后，正式确定了入围的340家承包商的名单。2006年5月，政府投资工程预选承包商制度正式实施。

深圳市政府投资工程预选承包商的选择标准远高于国家的资质考核标准，不但起到了规范市场、降低政府工程运作成本、发挥市场优胜劣汰的作用，对于鼓励广大施工企业和监理企业积极承担社会责任，甚至对深圳的工程技术创新也起到了积极的推动作用。

3. 深圳市监理行业自律公约签订

2008年4月,在深圳市监理工程师协会的大力推动下,全市107家监理企业自愿签署了《深圳市建设监理行业自律公约》,《自律公约》明确了对监理企业自律、从业人员自律的各项具体要求,以及违约的惩戒措施,对于规范监理企业和监理从业人员的行为将起到有效的约束作用。《自律公约》的签署,标志着深圳监理行业开始迈上自律发展的道路。

4. 《深圳市振兴监理培训中心》成立

至2005年底,深圳市监理从业人员已达到相当的规模,形成了由总监、专业监理工程师和监理员三个层次构成的人才队伍,从业人数共计9122人,其中注册监理工程师2712名。为了满足各监理企业不断增长的对岗前培训和继续教育的需要,2007年4月9日,经深圳市教育局批准,市监理工程师协会成立了"深圳市监理培训中心",同年5月21日,更名为"深圳市振兴监理培训中心",并取得了"民办学校办学许可证"。同年6月20日,市民政局颁发"民办非企业单位等级批准通知书"。深圳市振兴监理培训中心成立后,全面负责全市监理工程师继续教育,监理员上岗培训及继续教育等工作。该培训中心的建立,标志着全市监理从业人员的培训工作在协会的主导下步入了正轨。

5. 《深圳市建设工程监理招标投标实施办法》颁布实施

深圳市建设局在2000年12月印发《深圳市建设监理招标投标办法》的基础上,对2001年以来国家和省市有关工程监理招标、投标的法规及规范性文件内容加以梳理,于2009年7月印发了《深圳市建设工程监理招标投标实施办法(试行)》,并废止了2000年12月印发的《深圳市建设监理招标投标办法》。

该《实施办法》的实施,对于遏制工程监理招投标活动中的围标、串标行为,消除招标评标过程的不公正因素,减少幕后交易和暗箱操作,具有重大的现实意义。

6. 国家《建设工程监理与相关服务收费管理规定》在深圳宣贯执行

2007年3月,国家发展改革委、建设部联合发布《建设工程监理与相关服务收费管理规定》(发改价格〔2007〕670号),并要求自2007年5月1日起在全国执行。鉴于深圳市的消费水平略高于国内大多省市,而该规定的取费标准比深圳市物价局和市建设局2000年发布《深圳市工程建设监理费规定》(深价〔2000〕183号)的取费标准略低,为此,市监理工程师协会提请市物价局和市建设局向国家发展改革委、建设部发文申请给予深圳市适当的费用调整空间,但一直未得到批复。以致拖延了国家《建设工程监理与相关服务收费管理规定》在深圳的宣贯。直至2009年8月,市物价局和市建设局才发布了《关于贯彻国家发展改革委建设部〈建设工程监理与相关服务收费管理规定〉的通知》(深价规〔2009〕1号),国家《建设工程监理与相关服务收费管理规定》在深圳正式贯彻执行。

7. 深港监理工程师执业资格互认取得突破

随着CEPA的正式签订,内地和香港的经贸往来更加频密,实现内地和香港专业资格的互认已是大势所趋,2007年7月7日至7月16日,内地监理工程师与香港建筑测量师资格互认工作在深圳迎宾馆新园楼举行,通过专家的培训、考核,内地和香港各100名监理工程师和建筑测量师的执业资格实现了互认。深圳和国内其他地区一样,积极参与了这一次的资格互认工作,共17名资深监理工程师荣获香港建筑测量师资格。他们是王家远、杨福军、马永兴、王锡玉、汪青青、傅晓明、胡波、奚英、苏国璇、方向辉、陆启清、袁春珍、张盛银、范宗杰、尚斌乾、庞红平、杨满朝。

8. 监理工程师协会获《"抗震救灾·众志成城"捐赠活动先进社会组织》荣誉称号

2008年5·12汶川地震发生后,市监理工程师协会积极组织动员会员向灾区捐款,协会的倡导和组织工作得到了广大会员的积极响应,44家会员单位先后捐款105万元,部分会员单位和个人积极参与抗震救灾工作,并被深圳市政府授予抗震救灾先进单位和先进个人荣誉称号,监理工程师协会也被深圳市授予"'抗震救灾·众志成城'捐赠活动先进社会组织"的荣誉称号,充分显示了深圳监理同行的社会责任感。

第二章 深圳市工程监理行业的现状及存在问题

一、深圳市工程监理行业的现状

审视深圳监理行业20多年的发展历程,虽然取得诸多可圈可点的傲人业绩,但也存在不少亟待解决的问题。现特从以下方面,对深圳监理行业的现状加以阐述。

(一)监理行业收入稳步增长,但品牌企业缺乏

首先,深圳基本建设投资规模持续增长,监理企业的总体收入水平尚可。以2006年和2007年为例,深圳的基本建设投资额分别为640亿和714亿元,监理营业收入达到14.84亿元和18.10亿元(含中广核工程有限公司),扣除中广核工程有限公司的营业收入,则两年的营业收入为10亿元和11.2亿元,如果按深圳市100家监理公司来进行粗略估算,2006年和2007年度深圳监理企业平均营业收入大约为1000万元和1100万元,监理企业收入还是比较可观的。

其次,深圳大多数监理企业的营业收入呈现逐年稳步增长的势头。据市监理工程师协会于2009年底对72家深圳市属工程监理企业的调查,2008年有41家监理企业的监理收入出现增长,30家出现下降;2009年则有38家监理企业的监理收入出现增长,31家出现下降。深圳监理企业平均监理费收入增长趋势明显(如表2-1所示)。但值得注意的是,2007年人均监理收入轻微下降,究其原因,主要是政府行政主管部门加强了对现场监理机构人员队伍情况的检查,企业普遍增加了现场监理机构的人员配置,监理上岗人员数量的增加使得人均监理费有所下降。

深圳建设监理行业近几年的发展状况　　　　表2-1

序号	指标种类	2005年	2006年	2007年	2008年	2009年
1	监理企业数(家)	100	102	100	100	91
2	监理从业人员数(人)	9122	10561	12090	13461	14763
3	监理收入(亿元)	7.1	—	9.1	10.2	11.9
4	企业平均监理费收入(万元)	710	—	910	1020	1307.69
5	人均监理收入(万元)	7.78	—	7.53	7.58	8.06

深圳监理企业收入出现一部分增加，一部分减少的现象，一种可能的原因是深圳监理市场自由竞争的结果。随着深圳市建筑市场法规的完善，政府计划对行业的影响逐步淡化，更多的是一个执法者的角色，市场机制将逐渐主导监理行业的未来发展，优胜劣汰不可避免。

另一方面，深圳监理行业的品牌企业缺乏。在全国 2007 年度统计的全国监理企业营业收入前 100 名企业中，广东省有 10 家进入排名，而深圳市仅有 3 家进入排名。在广东省内，深圳监理企业的知名度也不高，在 2008 年度，获得 2008 年度广东省建设监理行业先进监理企业称号的深圳监理企业仅有 10 家，只占深圳监理企业总数的 10%，且深圳本地监理企业的业务绝大部分集中在深圳本地。由此可见，深圳本地的监理企业在国内的影响力，以及在省内的知名度还有待提高。

一个城市或地区所获工程奖项的多少在相当大的程度上反映了该地区监理行业的服务水平和服务质量。从总体趋势来看，自 1995 年以来，深圳几乎每年都有工程获得国优工程奖，而且近 3 年所获奖项数量稳步增加（图 2-1），虽然工程奖项的获得主要依靠施工单位的努力，但不可否认的是，监理企业的携手共创同样是项目取得成功的重要因素。值得指出的是，在 1992 年至 2008 年之间，深圳所获的工程奖项数量不断波动，没有明显增加，有的年份甚至没有获奖，总体获奖数量仍然偏低，这也从一定程度上反映出深圳监理企业的实力仍有待加强。

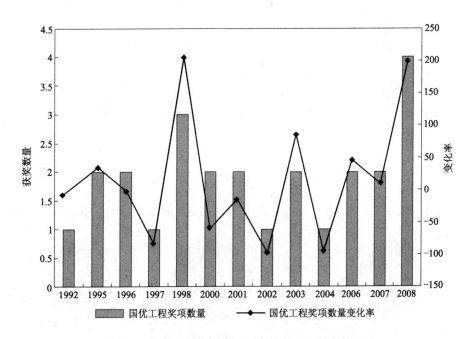

图 2-1 深圳历年国优级工程奖项统计及变化情况

（二）监理企业资质等级结构欠合理，业内竞争激烈

在深圳监理行业中，甲、乙、丙三级资质的监理企业数量分布不均。据2007年度的统计数字显示，深圳市属工程监理企业共有100家，其中，甲级69家，乙级及丙级合计31家。2008年度深圳市属工程监理企业共有100家，其中，甲级71家，乙级及丙级合计29家。据最新统计的数字，2009年深圳市属工程监理企业共有91家，其中，甲级73家，乙级及丙级合计18家。可见甲、乙、丙三级资质的监理企业的比例明显欠合理，甲级监理企业虽多，但多而不强，缺少真正有特色、有实力的品牌企业。

将深圳监理行业同其他城市进行横向比较，也可以得到一些启示。从图2-2中可以看出，北京和深圳两个城市甲级资质企业的数量要远超出其乙级或丙级的企业数量。两城市甲级资质监理企业所占的比例也大大超过全国的平均比例，如图2-3所示，北京和深圳两个城市分别为71%和69%。而在全国监理企业的资质构成中，甲级只占24%，甲、乙、丙三级资质的企业数量分布较为均匀。出现这种差距的原因之一，可能是北京和深圳的建设单位对监理企业的资质要求较高、监理市场竞争激烈所致。

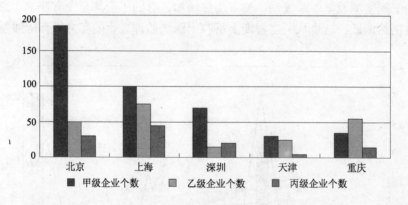

图2-2　2007年各地监理企业资质分布直方图

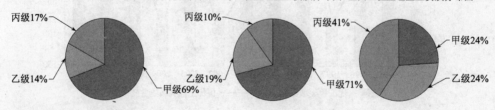

图2-3　2007年深圳、北京及全国监理企业资质分布饼状图

另一方面，深圳监理企业的监理资质类别主要集中于房屋建筑工程和市政公用工程，其他工程类别的专业监理资质很少，行业的资质构成明显不合理。据2008年度对深圳市100家监理企业的统计数字，主营房屋建筑工程的监理企业84家，主营市政公用工程的监理企业11家，仅有5家主营水利水电工程、电力工程、铁路工程和通信工程监理。2009年度深圳市91家监理企业的统计数字，主营房屋建筑工程的监理企业78家，主营市政公用工程的监理企业8家，仅有5家主营水利水电工程、电力工程、铁路工程和通信工程监理。表明近两年来，各工程类别的专业监理资质仍以房屋建筑工程为主，未发生结构性的变化。

由于监理企业专业资质类别过分集中，恶性竞争也接踵而至。据调查，有72.2%的监理企业认为行业恶性压价现象极为严重，仅有37.5%的监理企业的监理服务收费能够达到国家规定取费标准的80%以上，有22.2%的监理企业的监理服务收费均在国家规定标准监理费的50%以下，而有的社会工程项目的监理服务收费甚至低至国家取费标准的20%。为了避免恶性竞争，深圳监理企业未来发展的重点之一，就是要拓宽自己的专业监理资质种类范围和经营范围，走多样化的发展道路。

（三）监理市场化程度较高，本、外地企业竞争日趋激烈

深圳是一个市场化程度极高的城市，监理市场也不例外，1995年以来，深圳市政府及建设主管部门一直致力于为深圳监理行业的发展营造一个健康、规范的市场环境，鼓励通过市场机制来引导监理行业的未来发展。从公开的招投标制度到抽签定标的方式，再到政府投资工程预选承包商制度，都体现了公平、公正的市场机制原则。可以说，深圳的监理市场是我国最为开放的监理市场，外省市监理企业大规模的进入使深圳监理企业与外地监理企业之间的竞争压力日益增加。在2006年5月到2007年5月间，深圳本地监理企业中标合同金额为28991万元，外地监理企业中标金额为26792万元，基本均分了深圳的监理市场份额，可见深圳监理市场中本地企业与外地企业竞争极为激烈。此外，据深圳市建设工程交易中心信息网公布的中标信息统计，在2009年8月到9月公示的22项监理工程中，尽管深圳监理企业中标18项，外地监理企业中标4项，从数量上深圳监理企业中标较多，但从中标合同额来看，深圳企业为5529万元，外地企业为3329万元，占同期监理市场份额近38%，外地企业中标的单一项目合同额远远高于深圳企业，可见，外地企业中标大型项目的能力远超本地企业，这也从一定程度上反映深圳本地企业的核心竞争力有待提高。因此，本地企业必须正视这一现实，努力提高在重大项目投标中的核心竞争力，才能得到更大的发展。

通过和北京、上海的相关数据对比，同样可以发现深圳监理行业的差距。从图2-4中可以看出，深圳在2005～2007这三年里，监理企业的数量和业务总收

入,都基本维持在一个比较稳定的水平上,没有显著的增长。但与之形成鲜明对比的是,尽管北京和上海的监理企业在数量上也没有显著的增加,但其监理业务的收入却以较快的速度增长。之所以出现这样的结果,一方面和深圳监理企业比较重视深圳本地市场而忽视外地市场有关,另一方面,也反映出深圳的监理市场相对开放,市场环境较好,北京、上海,甚至全国其他省市的监理企业比较容易在深圳这个开放的建筑市场中站稳脚跟。

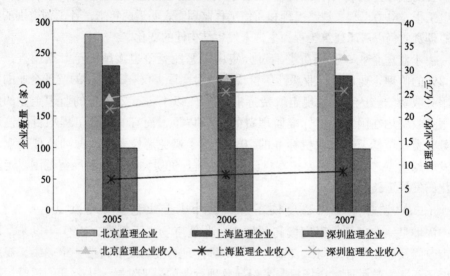

图2-4　2005至2007年北京、上海和深圳监理企业收入对比直方图

值得一提的是,深圳监理企业已经开始迈出向其他地区拓展业务的步伐并取得一定的成绩。以2007年为例,到市外、境外承接工程监理业务的市属监理企业共有31家,承接工程监理项目270项,项目遍及20个省的98个市县,以及北京、上海、天津、重庆等4个直辖市,实现外地营业收入共计14297.52万元人民币。深圳监理企业实现"走出去"的目标已初现曙光。所以,深圳监理企业必须克服困难,放眼全国,坚持"走出去"的思路,进一步拓展国内市场甚至国际市场,努力增加省内、国内,以及国外的业务量,为企业的生存、发展拓展更多的空间,才能使自己立于不败之地。

（四）监理企业缺乏核心竞争力,管理及技术水平有待提高

总体而言,深圳的监理服务行为比较规范、监理企业的管理水平相对较高。从近期调研结果统计可以看到,在调查问卷问及"我单位经常组织监理业务学习"、"我公司有为每一个项目监理机构提供技术支持的制度"、"我公司定期对每一个项目监理机构的工作进行巡查"时,大多数被调查对象都给出了肯定的回答。说明深圳大部分监理企业已经建立了监理服务的质量管理体系,没有采用以包代管这种松

散的管理模式。但是,从这些问题的答案中,我们也可以看到,监理企业更注重从业人员的监督,但对从业人员的教育和技术支持力度似乎并不高。

目前,深圳监理企业管理领域存在的最大问题是管理模式雷同,服务方式雷同,具有鲜明特色和核心竞争力的企业较少。当监理工程师在不同企业之间流动时,似乎并不存在任何的不适应,不需要培训就可以上岗。因为,所有企业的管理模式和工作表格基本都是一致的,工作方法和管理模型也没有什么变化。在企业理论中,企业的核心竞争力同企业的议价能力成正比。当我们在抱怨市场竞争激烈,业主压价等问题时,更应该认真思考为什么监理企业的议价能力这么弱。可以说,如何提高监理企业的核心竞争力已成为摆在深圳监理行业面前的、亟待解决的重要问题。

(五)行业协会影响力日趋明显,但在行业中的主导地位仍需加强

自 1995 年市监理工程师协会成立以来,协会始终在为深圳监理行业的发展不遗余力地工作,特别是在政府行业主管部门和监理企业之间,起到了很好的桥梁和纽带作用,在服务监理企业、为企业排忧解难方面也树立了良好的口碑,得到了广大监理企业和监理从业人员的认同;在引导和规范监理行业自律发展方面,影响力日趋明显。协会成立了行业自律委员会和行业专家委员会,对于加强行业诚信建设,维护行业整体利益和形象,坚持理论与实践相结合,促进监理行业自律发展发挥了重要的作用。主要体现在以下几个方面:

1. 制定了《深圳市建设监理行业自律公约》及《深圳市建设监理行业自律公约实施办法(试行)》,并在主管部门领导的见证下,107 家会员单位集体签署了自律公约。

2. 讨论修改了《关于规范对监理招标文件投诉行为的暂行规定》,用于规范监理企业对不合理招标文件行为进行投诉的具体做法和程序。

3. 确定了集体抵制建设单位不合理招标文件和监理合同的有关工作程序,即:受理投诉→召开投标单位联席会议并经大多数单位同意→自律委员会形成决议→通知投标单位执行决议→不执行者按违约处理。

4. 对建设局拟制的《深圳市建筑市场信用管理办法》征求意见稿提出了意见和建议。

5. 协助政府有关部门出台了一系列的政策规定,如:《关于规范建设工程监理招标行为的通知》、《关于贯彻国家发改委建设部建设工程监理与相关服务收费管理规定的通知》、《深圳市建设工程监理招标投标实施办法(试行)》、《深圳市建设工程施工监理规范》、《深圳市建设工程监理招标文件示范文本》等。

但是,行业协会应有的行业发展主导作用还没有充分发挥,主要表现在:

1. 在对监理企业的检查和监督,对监理企业和监理人员不规范行为的处置等方面,协会的作用还停留在辅助政府相关部门完成相关事务的角色上。根据

2009年对深圳监理企业的问卷调查,企业认为协会反映企业诉求、维护企业权益不够的占41.7%,认为协会的凝聚力不强的占23.6%,认为制定行业标准、规范欠缺的占20.8%,认为行业自律力度不大、行业理论研究和宣传不到位的各占13.9%。可见,在反映企业诉求、维护企业权益、增强企业凝聚力方面,监理工程师协会的参与程度和影响力发挥还有待加强。

2. 协会专家委员会的职能发挥还不充分,在研究行业亟待解决的问题、制定行业发展规划等方面,专家委员会的职能体现不足,缺乏应有的影响力和处置建议权。

3. 政府建设主管部门及其工程质量、施工安全监督部门和行业协会之间的职责界限还不清晰,在一定的程度上影响了协会职能的发挥。

(六) 监理人才流失严重,行业可持续发展面临挑战

受益于深圳较好的就业环境和较高的薪酬水平,与全国其他地区相比,深圳监理行业从业人员的素质是较高的。根据2009年上半年进行了一次随机抽样调查,在收到有效问卷343份中,133人具有大专学历,204人具有本科学历,硕士研究生及以上学历6人,分别占比为38.78%、59.48%、1.75%;另外,被调查对象中有助理工程师及以下职称78人,工程师职称188人,高级工程师职称77人,分别占比为22.74%、54.81%、22.45%。在2009年下半年,深圳监理工程师协会进行了一次全面的调查,被调查对象中有高级职称1103人,中级职称3408人,初级及以下职称3416人,占比分别为13.91%、42.98%、43.08%。

从监理人员数量上来看,深圳历年的国家注册监理工程师数量基本呈增加趋势(图2-5),但起伏较大,而且变化不稳定。2004年深圳拥有国家注册监理工程师数为2780人,同比增长30.76%,这是近六年来的最高增幅。在2008年,国家注册监理工程师数为2974人,同比增长18.25%,增长率仅次于2004年(图2-6)。当然,虽然注册监理工程师的数量总趋势是不断增加,但其数量占整个行业从业人员的比例仍然是很低的。

值得我们高度重视的是,企业普遍反映近年来高素质监理人才流失严重。据2009年对深圳监理企业的调查统计,有54.2%的企业人才流失的主体是注册监理工程师。就人才流失的原因来说,主要认为是法律责任过重,监理工程师责权利失衡,过分强调责任而忽视了对技术服务能力的重视,高素质监理人才在行业里不能得到应有的尊重,且工资待遇低。据2009年的调查统计显示,有59.7%的企业总监理工程师的工资在6000~8000元/月,甚至更低;73.6%的企业注册监理工程师的工资在4000~6000/月;68.1%的企业监理员工资在3000~4000/月,甚至在2000元左右的占26.4%。按学历、资历横向对比,监理从业人员的工资远远低于工程设计人员甚至施工技术人员。从人员流失去向来看,由于深圳监理企业的工资待遇

低，而全国监理取费标准相同，内地监理工程师的工资待遇与深圳相差不多且消费较低，导致监理人才向内地流失。另一方面，部分监理人才为了避免承担安全生产监督管理追究刑责的风险，均流向了建设单位和设计单位。

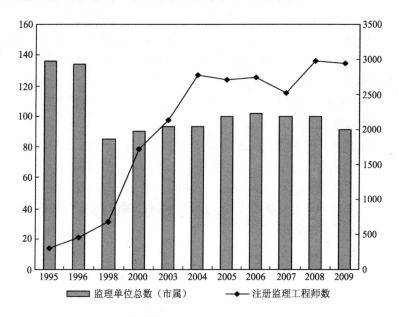

图 2-5　从 1995~2008 年深圳监理企业数及注册监理工程师变化

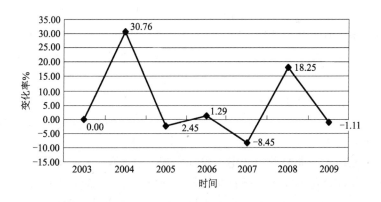

图 2-6　2003~2009 年深圳注册监理工程师变化率

监理行业是一个以人才竞争为根本的行业，人员素质的高低，既反映了该行业服务水平和能力，也反映了该行业的发展前景，如果监理行业的人才流失现象得不到根本的扭转，则监理行业的可持续发展必然面临严峻的挑战。

（七）政府和社会对监理行业的要求提高，但行业责权利失衡的问题不容忽视

大量的工程建设实践表明，无论是工程质量、施工进度、工程造价控制，还是安全文明施工管理，工程监理企业都发挥了实实在在的作用，在深圳，大批国优、省优工程奖项的获得，都凝聚了深圳监理从业人员的辛勤劳动。工程设计、工程施工过程存在的诸多质量问题，甚至安全隐患，都能因监理的存在而得到及早地发现和解决，业主的风险也因监理的存在而明显有所降低，政府和社会各界对监理的认可、信任程度和要求普遍提高，这也是目前对工程监理与相关服务的需求不断增长的原因所在。

然而，由于监理行业的定位不合理、责任主体混淆及法律责任不清晰等原因，监理行业普遍认为，目前的工程监理责权利失衡，严重影响了监理效能的发挥，打击了广大监理人员的从业积极性，降低了监理行业的社会地位，导致了监理人才的流失。如果不能从制度设计上进行一些根本的改变，工程监理行业的健康发展将会受到严重的影响。

二、深圳监理行业存在问题分析

如前所述，深圳作为全国工程监理主要试点城市之一，伴随着深圳特区的崛起、发展，深圳工程监理行业的发展也傲然走在全国前列。多年来，在各级政府建设主管部门的正确领导下，在深圳监理同仁的共同努力下，确实取得了许多可圈可点的佳绩，但我们也清醒地认识到，深圳监理行业的发展现状并不乐观。在上世纪八十年代末九十年代初，深圳作为全国工程监理试点主要城市之一，获得全国各地同行的高度关注，各地政府建设管理部门和工程监理企业，纷纷组团来深进行学习考察，但由于深圳监理行业未能很好地去学习、吸取国内外工程监理行业发展的先进理念和先进管理方法，缺少开拓精神和创新成果，使深圳工程监理行业逐渐失去了往日的光环。

主要表现在，深圳监理企业走出深圳承接工程监理业务比较困难。除个别竞争力较强的监理企业外，大部分深圳监理企业的经营地盘仅仅局限于深圳本地，限制了企业的发展。另一方面，大批外地工程监理企业进入深圳，瓜分了深圳工程监理市场，如世界大学生运动会体育场馆、深圳地铁等。也许我们可以将这一现象归因于深圳建设监理市场的开放和外地建筑市场的封闭，但在研究中发现，这里面主要还是深圳监理行业自身存在许多亟待解决的问题。

（一）我国监理行业存在的共性问题

为了梳理监理行业发展中存在的各种问题，我们以"建设监理"和"问题"

作为检索词选取了中国期刊网从1988年1月到2008年12月的112篇文章（pdf格式）作为研究对象，将其转化为word格式后导入Nvivo软件进行了定量分析。因作者一稿多投或格式转化出错等问题删除12篇文献，剩下有效研究文献100篇。其中，出自监理企业的文献40篇，高校38篇，政府及质检单位9篇，其他行业（业主、承包商等）13篇。其分布如图2-7所示。

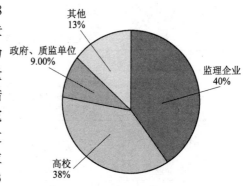

图2-7 研究样本作者分布示意图

经研究发现，我国监理行业发展中存在的问题包括三个层次，其中第一层次包括业主态度/行为、监理自身问题、承包商态度/行为、监理市场规范程度、监理行业发展环境等五个方面。这一层次主要是根据影响工程监理行业发展的不同主体来划分的。有些层次的问题可以进一步划分为第二层和第三层。如监理自身问题包括监理企业、监理人员和监理工作三方面问题，而监理企业的问题包括监理企业的治理结构不合理、经营管理松散等问题，监理人员问题包括监理人员素质、能力和职业道德、项目中监理人员的数量和质量等问题，监理工作问题包括监理人员权力、责任和风险不对称、监理业务范围狭窄等问题。见表2-2。

监理行业发展中存在的问题　　　　　　　　　　　　　　表2-2

第一层	第二层	第三层
业主态度/行为		
监理自身问题	监理企业	治理结构
		经营管理
	监理人员	监理人员素质、能力和职业道德
		项目中监理人员的数量和结构
	监理工作	监理权力、责任和风险
		监理业务范围
承包商态度/行为		
监理市场规范程度	监理酬金/竞争问题	
	市场行为和程序	
监理发展环境	政治法律环境	政策法规
		政府态度/行为
	社会经济环境	

各个层次的含义如表2-3所示。

监理行业发展中存在问题的定义 表2-3

节点名称	节点定义
业主态度/行为	由于业主错误的态度/行为对监理发展产生的影响,如业主视监理为质检员、业主不信任监理,不放权、拖欠监理费、要求监理承担工程质量责任而不是监理服务质量责任等
监理自身问题	由监理自身发展过程中的种种不完善因素内生的问题,包括监理企业、监理人员和监理工作三个方面
监理企业	由监理企业组织形式不当或经营管理不恰当产生的问题
治理机制	未能建立明晰的企业产权、建立企业制度产生的问题,如未能与上级主管部门脱离隶属关系、与质检部门是一套人马两块牌子等
经营管理	监理企业的管理松散、投入不足等问题
监理人员素质、能力和职业道德	如监理人员素质低、能力和经验不足、职业道德水平不高等问题
项目中监理人员的数量和结构	如在项目监理过程中,监理机构人员数量不足、人员专业不配套、年龄结构不合理等问题
监理权力、责任和风险	监理的权力、责任和风险不对等,风险大,收入低等问题
监理业务范围	监理业务范围狭窄,影响监理工作绩效等问题
监理市场规范程度	监理主体在确定市场交易前和搭成交易过程中产生的问题,即包括各种不合理市场现象,也包括产生这些现象的过程
监理酬金/竞争问题	由于业主与监理在市场上形成的监理服务价格不合理造成的问题。主要包括监理酬金低、恶性竞争等问题。在这里,恶性竞争与监理酬金低可视为一个问题的两种表述
市场行为和程序	包括不恰当市场行为及市场程序对监理发展产生的影响,如不公正或不完善的监理招标方法和程序、用非自己所属公司的资质进行监理活动(挂靠)、同一工程与业主签订多份合同(阴阳合同)等问题
监理发展环境	影响建设监理发展的各种外生因素,如政府的政策法规和经济、社会、文化等因素
政治法律环境	由于不当的政治法律因素对监理行业发展造成的影响,包括政策法规和政府/态度行为两个子节点
政策法规	政策法规反映了政府的一些政策法规的颁布或变化对监理发展的影响,如建设部确定强制监理的范围、确立旁站监理制度、确立安全监理制度对监理发展的影响
政府态度/行为	政府态度/行为反映了政府尤其是建设主管部门对监理的错误认识或不当行为对监理发展造成的影响,如支持力度不足、对监理性质认识不清、分段管理客观上限制监理业务范围等
社会经济环境	反映了经济、社会、文化等其他宏观因素对监理发展造成的影响,如社会对监理重要性认识不足、文化不适应监理发展等

通过研究，发现导致我国工程监理行业发展不理想的前三位原因是：①工程监理行业发展中内生的问题，主要表现在从业人员素质不高、企业管理松散、监理人员责权利不对称等；②工程监理市场管理比较混乱，参与竞争的监理企业行为不规范，如低于成本竞争、围标、挂靠等违规行为屡禁不止；③业主不信任监理，对监理活动的性质存在一些错误认识等问题。其中，工程监理行业发展的自身问题是阻碍监理行业发展的主要问题，提高从业人员素质被大多数业内学者和专家认为是首要的问题。通过对来自不同主体的文章样本分析，发现各方对监理行业存在问题的看法是基本一致的。

（二）深圳监理行业存在的共性问题

经分析发现，深圳监理行业处于我国建设监理行业发展的大环境中，即存在与全国监理行业雷同的共性问题，也有深圳本地的一些地域性问题。

1. 与全国监理行业存在的共性问题

存在的与全国监理行业雷同的共性问题主要包括：

（1）监理人员素质有待提高

在我国建设监理行业，监理人员素质不高似乎已经成为影响监理行业发展的根本性问题。同样，深圳工程建设监理行业也面临提高人员素质这一问题。目前，深圳工程监理企业经营活动范围大多仅限于施工阶段，人员素质不高的问题表现还不十分突出，但是，如果要开展包括勘察、设计等阶段的全过程监理，深圳监理工作人员的素质还有待进一步提高。

（2）监理市场行为不规范

监理市场行为不规范，是我国工程监理行业发展中长期存在的一个历史问题，表现在监理企业行为不规范，恶意压价竞争、围标、串标，散布不利信息诋毁竞争对手；业主的不规范行为，如业主在招标文件或合同中提出霸王条款，要求监理企业提供免费的额外服务或设备、设施，业主不遵守政府价格法规，压低监理服务价格，要求监理企业签订阴阳合同等。其实，这些问题在深圳监理市场同样存在，而且随着监理行业的发展，监理市场行为不规范的现象并没有明显减少。

（3）监理企业管理水平需要提高

我国建设监理行业从起步至今仅有二十多年时间，监理企业大都是成立不久的中小型企业。许多监理企业大都采用以包代管的企业管理模式，在承接到监理任务后，即成立该项目监理机构，将所有工作都交付该项目监理机构全权负责，有的监理企业甚至对项目监理机构基本没有监管，或以包代管。似乎工程项目的监理工作质量只能反映项目总监的监理工作水平，而与监理企业的管理水平没有多大的联系。这种粗放的管理模式虽然为监理企业节约了管理成本，但损害了工程监理行业的形象，也损害了业主的利益。

(4) 监理人员工作责权利不对等

监理人员责权利不对等，尤其是监理人员需要承担较大的安全监理责任，是我国监理人员反映较多的问题。这一点，在深圳监理行业中同样明显存在。例如：在深圳开展的调研中问及"作为监理工程师，我要承担很大责任"；"刮台风时，我很关心工地的安全情况"；大部分监理工程师给予了十分肯定的回答。2007年，深圳碧水龙庭工程因塔吊坍塌事故，造成3死7伤。项目总监被判处一年有期徒刑，缓刑两年，而直接承担建筑安全生产责任的项目经理却免于刑事处罚。这个结果在行业内引起巨大的反响，网上的讨论非常激烈。目前，很多监理企业都出现了总监（总监理工程师）为此判罚担忧而提出辞职的问题，还有的总监宁可当总监代表而不愿意当总监。

2. 深圳监理行业地域性问题

除了上述存在的与全国工程监理行业的共性问题外，深圳监理行业还存在许多特有的地域性问题，主要包括：

(1) 监理从业人员薪酬满意度低，职业信心不足

据笔者2009年初进行的抽样调查（343人），近70%的监理从业人员月均工资低于6000元，近20%的监理从业人员月均工资低于3000元。在深圳监理工程师协会组织的深圳建设监理企业生存状况调查中，大多数企业总监理工程师的工资在6000~8000元，专业监理工程师的工资在4000~6000元，监理员的工资在3000~4000元。这一工资水平，同深圳特区内30000元/平方米的房价相比，确实显得不算优厚❶。

在调查中问及，"我对从事监理工作的工资十分满意"，"我对从事监理工作的社会地位十分满意"，"同样资历的监理工程师的工资高于造价工程师"时，大部分被调查对象给出了否定的答案。实际上，工程监理人员对自己的工作待遇不满意，已经成为其转换工作的主要原因。

根据管理学中的效率工资理论，为了激励员工高效率工作，企业家常常给出超过从事类似工作平均人员的薪酬。工资不高是造成监理人员从业意向低、流动性大的重要原因。在调查中问及："我愿意让我的子女从事监理行业"，"我从未有过转行的念头"，被调查对象也给出了否定的回答，而且意见比较一致。当问及"从事监理职业，工作很轻松"，被调查对象给出了否定性最强的回答。

实际上，监理从业人员素质不高，不能达到社会期望的要求，不能满足行业发展的需要，只是表象。可能较深层次的原因是监理工作辛苦，工资低，社会地

---

❶ 如果考虑贷款购买100m²的住宅，需要监理工程师（平均工资6000元/月）工作667个月，即56年。

位不高,职业吸引力不强。同全国监理行业情况相同,这一点在深圳监理行业中同样存在,且十分严重。

(2) 监理企业需要正确处理当前利益和长远发展的关系

在深圳工程监理协会进行的调查中,90%以上的监理企业都报告建立了企业的内部培训制度,建立了员工激励机制,并制定了程序和相应配套资金计划。但是,深圳监理行业从业人员的从业信心不足,也说明这些措施尚未落实。

与我国监理行业存在的问题有所不同,深圳监理企业的管理大都比较规范,表现为企业产权明晰,管理制度比较健全,企业也愿意投入一定的管理资源。但是,目前深圳监理企业存在的主要问题是缺乏长远发展规划,没有正确处理当前利益和长远利益的关系,未能紧缩企业管理成本费用的开支,而将更多的资金和报酬向一线倾斜,去吸引人才,留住人才。

深圳工程监理企业更需要为员工设计一条看得见的职业发展路径,使员工在薪酬、职业技能和地位上有可见的前景。只有这样,企业发展才更具有后劲。从一项调查中可以发现,对监理工程师而言,得到培训和技术、能力的提升,同获得高一点的薪酬同样重要。因此,深圳监理企业更需要考虑从紧缩企业管理成本费用开支入手,以经济手段适当激励监理工程师和监理员的工作积极性,为业主提供更高质量的服务,从而为企业的长远发展奠定基础。

(3) 监理行业产业结构不合理

深圳监理行业的产业结构十分特殊,这里通过表2-4来说明。

2007年部分城市监理企业资质分布情况 表2-4

指标 地区	甲级企业家数	乙级企业家数	丙级企业家数	合计家数	甲级监理企业占比(%)
北京	185	49	27	261	70.88
上海	102	72	46	220	46.36
深圳	69	14	17	100	69.00
天津	31	27	6	64	48.43
重庆	38	54	17	109	34.86

从表中可以看出,深圳工程监理行业中甲级监理企业占企业总数比例近70%,明显高于上海、天津和重庆,与北京相仿。一般理论认为,一个行业的产业结构应该是少数的大型企业、较多的中型企业和大量的小型企业,这样易于形成产业分工和合作,也易于以大企业为核心形成产业联盟。而深圳工程监理企业结构呈倒金字塔形,产业结构不尽合理。实际上,考虑北京独特的政治地位和国家各大部委、各大国有企业总部云集,其监理范围辐射全国,甲级企业多可以理解。但深圳甲级企业众多,一方面反映深圳监理行业先行一步,实力较强;但另

一方面，也反映了深圳监理企业面临激烈的同业竞争。

特殊的产业结构导致深圳监理行业内企业分工不明确，服务方式和业务范围雷同，竞争十分激烈。如何使产业结构呈现金字塔形，即几个在全国具有影响力的大型监理企业，较多的甲级监理企业和更多的乙、丙级监理企业，使企业间逐步形成一种分工协作而不是纯粹竞争的关系，形成共赢而不是零和博弈，是深圳监理行业发展面临的主要问题之一。

(4) 深圳监理行业缺乏全国知名度高的大型监理企业

深圳是我国重要的经济较发达的大城市，基建规模很大。深圳也是我国建设监理行业的发源地，有较长的监理发展历史和较多的监理企业。但是，在全国监理行业100强排名中，深圳监理企业的数量并不多。究其根源，有三个方面：首先，深圳不是直辖市或省会城市，许多具有行业垄断、区域垄断性的监理企业的总部不设在深圳。而通过垄断来迅速扩大规模，是许多省市大型监理企业成长的主要途径；其次，深圳是个开放性城市，没有对外地监理企业设置严格的进入门槛。激烈的市场竞争，使一些企业将更大的精力放在如何提高服务质量上。为了保证服务质量而持有审慎扩张的态度，也是深圳监理企业规模不大的原因之一；第三，深圳在一段时间内为了限制不正当竞争，政府投资项目在选择监理企业时采用了"抽签法"。抽签选择监理，可以说公平有余，择优不足，是一种平均主义的办法。当不能对深圳好的监理企业给予足够的市场激励，也限制了深圳监理企业的扩张。

上述可见，深圳建设监理行业的问题，既包括我国建设监理行业发展中共性的问题，也包括深圳建设监理行业发展过程中自身存在的问题。那么，这些问题的根源是什么呢？本书将在下一章《深圳监理行业存在问题的根源》中作进一步的探讨。

第三章 深圳监理行业存在问题的根源

是什么原因导致深圳建设监理行业存在这些问题呢？本章从工程监理行业的专业化程度、市场交易成本的大小和制度三个层面来加以分析。

一、监理行业发展的专业化程度

（一）专业化的含义

专业化是在人类演进过程中，掌握的一种从无意识到自觉地使用的提高生产效率的工具。专业化对职业发展的影响，表现为三种效应：

1. 学习效应

经济学家亚当·斯密认为专业化是导致生产力提高的重要因素，其"原因有三：第一，劳动者的技巧因业专而日进；第二，由一种工作转到另一种工作，通常需损失不少时间，有了分工，就可以免除这种损失；第三，许多简化劳动和缩减劳动的机械的发明，使一个人能够做许多人的工作"。亚当·斯密找到的生产率提高的原因在现代经济学中被称为学习效应。其中，第一种效应是工人通过熟练操作带来的生产率的提高；第二种效应表现为对不同工作转换过程中，因转换造成部分技能遗忘而损失的成本；第三种效应是在专业化过程中，部分工人勤于思考，逐渐专业从事机械生产，是一种间接的学习效应。一些学者证明，通过学习（累计生产产品的数量），生产效率大幅度提高（生产单位产品需要的劳动时间缩短）。

对于监理行业，更为重要的是第一和第二种学习效应。首先，监理工程师从事监理工作的时间越长，其在工作中发现问题和解决问题的能力也就越强。其次，长期从事监理职业，使监理知识成为一种连贯性的工作，避免了在业主、设计、监理、施工单位不同工作转换中，经验积累不连贯和遗忘造成的损失。我国传统的建设管理模式是"一种封闭型的一家一户的小生产管理方式。它使得一批又一批的筹建人员，刚刚熟悉项目管理业务，就随着工程竣工转入生产或使用单位，而另一批工程的筹建人员又要从头学起"。可见，我国最初设置建设监理行业的目的，正是以深化分工程度，节约学习成本，提高经济效益为目的。

2. 迂回效应

早在十九世纪，庞巴维克区分了两种不同的生产方法。"在生产中我们可以一付出劳动马上达到目的；也可以故意采用一种迂回的方法。这就是说，我们可以这样付出我们的劳动，使它能够马上完成所需财货的生产所必要的条件，因而财货就立即随着劳力支出而出现。或者，我们也可以首先将我们的劳力同财货的远因联系起来，目的并不在于获得所需财货本身，而在于获得这种财货的一个近因；然后再把这个近因同其他适当的物质和力量结合起来，直到最后——也许经过许多周折——得到成品，即满足人类需要的手段。"庞巴维克的发现虽然是用来论述资本形成的，却很好地解释了专业化分工导致市场效率提高的原因。人们不采用直接生产，而采用迂回的生产方式，是因为后者在整体上创造出更高的劳动生产率和更大的效用（如果效用可以累加的话）。

工程监理行业就是建筑业生产链条延长后出现的重要环节。以建造房屋为例，我们可以看到建筑业的迂回生产模式。第一阶段，业主直接构图、备料，自行或雇佣劳力建设房屋；第二阶段，承包商出现，业主通过承包商雇佣工人建造房屋；第三阶段，业主聘请设计师为其设计房屋，聘请承包商组织施工；第四阶段，业主聘请监理工程师进行项目管理，由监理工程师负责组织设计和施工。可见，监理工程师是建筑程序迂回程度延长的产物。每一次迂回的增加，业主作为一个整体利益集团必然会获得更高的效益和效率，这也是支持分工和职业发展的基础。这一点，可以用英国项目管理的发展史来证明。

3. 市场效应

二十世纪初，扬格对当时的经济学家以个别企业的观察来理解规模报酬递增机制提出了批评。"产业的不断分工和专业化是报酬递增得以实现的过程的一个基本组成部分，必须把产业经营看做是相互联系的整体。"他提出，"劳动分工取决于市场规模，而市场规模又取决于劳动分工。"分工取决于分工，这不是同意反复，而是意义的深化。分工的市场效应理论在杨小凯的新兴古典经济学框架中得到发扬光大。杨小凯批评马歇尔人为地将市场上的人分为生产者和消费者，运用超边际分析方法，描述了经济从自给自足经济到局部分工经济到完全分工经济的过程。"专业化经济不同于规模经济，它与每个人生产活动范围的大小有关，而不是厂商规模扩大的经济效果。所有人的专业化经济合起来就是分工经济，它同人与人之间依赖程度加大后生产力改进的潜力有关，所以是一种社会网络效果，而不是规模经济那种纯技术概念。"

扬格和杨小凯告诉我们，分工和市场规模存在一种相互作用的"自增强机制"。这一观点可以解释我国工程监理行业发展的区域不平衡性。对于投资强度大、建筑市场规模大的区域，如北京、上海、广东、江苏，监理行业发展也比较理想。但这仅反映了"自增强机制"的一个方面。同样，监理行业的发展也可以促进和创造建筑市场的发展，因为监理职业提高了业主的建设效率，使原本不值得建设的项目现在有建设的价值了。分工形成市场，市场促进分工，这正是监理行业希望看到的良性循环前景。

（二）监理行业的专业化问题

监理专业化，表现为两个层次，一是监理工程师的专业化，即要求监理工程师具有较高的专业技术知识能力；二是监理企业的专业化，要求监理企业将自己的业务集中于某一领域。

1. 监理工程师应具有较高的专业技术水平

当我们在走访监理企业时，经常问及："什么是监理专业化，什么样的监理工程师可以称得上专业呢？"大多数监理企业的经营者首先强调了监理工程师应该具有较高的专业技术水平。这是为什么呢？

首先，监理工程师具备较高的专业技术水平是由取得监理执业资格的考试条件决定的。在我国，只有工程技术或工程经济专业大专（含大专）以上学历，按照国家有关规定，取得工程技术或工程经济专业中级职务，并任职满3年；或按照国家有关规定，取得工程技术或工程经济专业高级职务方具备参加注册监理工程师考试的资格。按照我国的职称评审规定，这往往意味着取得注册监理工程师资格至少需要经过正规专业技术教育，并具备八年以上的专业工作经验。

其次，监理工程师具备较高的专业技术水平，是从事该职业的基本技能要求。工程建设的通用语言是工程设计图纸和工程技术规范。如果不能读懂图纸，不能了解基本的技术规范，很可能就难于同设计、施工和其他监理人员进行有效沟通。而且，监理工程师的基本工作是对承包商工程施工行为进行监督管理。如果没有专业技术知识，也就没有判断承包商施工行为是否正确及施工产品质量是否合格的能力，更不能履行基本的监理职责。

第三，监理工程师具备较高的专业技术水平，是从事咨询管理工作的需要。自二十世纪五十年代以来，人类社会逐渐从资本经济向知识经济过渡，企业逐渐转向知识型组织。"知识型组织的大多数雇员是高资历、受过高等教育的专业人才，是知识工作者。"建设监理企业就是这样一种以人力资本为主要资产的知识型企业，其营业收入的50%以上作为员工的工资和福利支出。在企业中，员工的权力和威信很大程度来自于知识能力而不是行政地位。如果监理工程师技术能力强，可以给其他工作同事、业主、承包商提供帮助，解决工程实践中的困难，他将赢得大家的尊敬，并成为企业核心竞争力的重要组成部分。

第四，监理工程师具备较高的专业技术水平，是迎合业主需要、获取监理任务的前提。监理行业是一种服务业，其产生和发展依赖于业主的需求。大多数业主认为自己都具有管理能力，因为管理能力的高低是通过实践检验的，难于在事前交流中评判；而专业技术知识能力因为需要长时间的积累和专业学习、实践，是相对易于评判高低的。因而，业主从心理上认为自己更需要专业技术水平高的监理工程师来弥补自己知识上的不足，而不是一个教自己如何管理的"指手画脚的家伙"。当监理工程师具有较高的专业技术和能力，也就具备了获得业主信任的基本条件。

第五，监理工程师具备较高的专业技术水平，是为业主创造效益的基础。业主聘请监理工程师管理工程，有两方面要求。首先，希望监理工程师能不徇私情，监督承包商严格按照图纸、规范施工，确保工程质量和安全；第二，希望监理工程师能提出较好的合理化建议，为业主节约工程投资，缩短施工进度。第一方面要求监理工程师具备一般的技术知识和管理能力即可完成监理工作，但第二方面要求则需要监理工程师具备较强的专业技术知识能力。在实践中证明，当监理工程师提出合理化建议为业主节约大量投资或大幅度缩短工期时，业主会深切认识到聘请监理的意义和价值。

其实，具有专业技术知识只是成为好的监理工程师的必要条件，监理工程师的专业性不仅仅表现在具有较强的专业技术知识能力，还需要具备经济、法律、管理知识和协调能力。也就是说，具有较高的专业技术水平，仅是成为好监理工程师的必要条件，而只有具有较高的综合素质的监理工程师，才可以称为具有较高专业水平的监理工程师。

2. 监理工程师的专业性表现为一种综合素质

这是由监理工作的特点决定的。建设项目，往往具有投资大、工期长、作业环境复杂、影响因素多、参建单位多等特点。通常，业主为了控制工程建设风险，提高工程建设效益，要求监理工程师对工程施工阶段进行全面监理，包括：质量、进度、投资控制，安全文明施工管理、合同信息管理，并协调工程建设相关各方的关系。

这就要求监理工程师不仅仅在技术上具有较强的预见和判断能力，而且需要监理工程师具备组织管理能力和经济、法律知识。实际上，监理工作质量的好坏，更大程度上取决于监理工程师的管理、协调、沟通能力。如果一名监理工程师虽然具有较强的专业技术和知识能力，但不能与业主和承包商进行有效地协调、沟通，不能迅速决策，甚至经常和业主、承包商发生争执，不能妥善处理问题，化解矛盾，那么，这名监理工程师是不合格的。

在工程建设行业中，监理工程师的工资确实低于工程设计行业、房地产开发行业、工程造价咨询行业和施工管理行业同等资历的工程师。在低工资的条件下，如何提高监理工程师的专业技术和知识能力，提高监理工程师的综合素质，以满足业主要求，进而开拓市场，已经成为大多数监理企业面临的重要课题。这也就是下一个探讨议题：监理企业的专业化问题。

3. 监理工程师专业化是知识的积累过程

如前所述，专业化可以通过学习效应来提高效率。监理工程师的专业化，首先表现为通过知识积累而形成能力的提高。根据迈克尔·波兰尼（Michael Polanyi）的观点，知识是属于个人的，是一定社会背景下的产物。知识是隐性的，是难于传递的。瑞典著名知识经济学者卡尔·爱瑞克·斯威比（Karl Erik Sveiby）提出，人类知识具有隐性（tacit）、面向行动（action-oriented）、基于规则（based on rules）、个人化（individual）和不断变化的特点。监理工程师的专业知识，是长期在工程现场日晒雨淋、摸爬滚打中摸索出来的，是成功经验和失败教训的积累。它们隐藏在工程师大脑中的某个部位，在特定的情境下将闪现出来。而在平时，由于没有进行系统的总结，大部分知识难于以特定的信息方式从一个工程师向另一个工程师传递。

斯威比认为，人的能力包括显性知识、技能、经验、价值判断和社会网络五个方面。

显性知识：已知的事实。主要通过信息获取，也常常通过正规教育获得。如大部分监理工程师经过大学本科、专科教育，并通过阅读专业书籍和规范，获得的知识。

技能：熟练技巧，有身体和智力两类，主要通过训练和实践获得。它包括处理规则知识和沟通技巧。这主要通过在工程实践，以观摩、实习等自我学习的过程以及通过现场教学、参观、讲解等在职培训来获得。

经验：通过对过去的成功与失败的思考来获得。经验的获得和技能的获得是伴生的。人们在实践中，会根据自己完成工作成功和失败的经验，以及和自己距离很近的其他人的成功和失败吸取经验，通过思考、提炼、归纳来获得条文或规则性质的知识。

价值判断：个人相信为真的感觉。价值判断对个人认知过程起到有意识和无意识的过滤作用。施工阶段的监理工作主要是对承包商的施工行为进行监督管理，如承包商的人员是否具有相应操作技能和资格、材料质量是否合格且合乎设计要求、机械使用是否适当、施工方法是否合理、施工操作是否安全文明等。所有这些是与否的判断都涉及价值判断。这种价值判断取决于监理工程师的判断标准和个人的职业操守。

社会网络：由在一定环境和文化中的人际关系网络构成。监理工程师在一个好的监理企业，个人的显性知识、技能、经验和价值判断都会得到更快、更多、更好地加强。

通常，老监理工程师在技能、经验和社会网络方面具有优势，能在工程建设的复杂环境中，及时处理问题，避免损失扩大。所以说，具有较高专业技术水平、较高综合素质,以及丰富项目经验的监理工程师就是监理企业的财富。

4. 监理工程师的专业化与监理公司的专业化

监理工程师的专业化,并不能一定为业主提供优良的监理服务。因为,首先,监理工作是一个团队服务过程,需要不同专业的监理工程师密切配合;其次,当完成监理工作过程中遇到困难,项目监理机构需要得到监理企业的技术支持;第三,监理企业需要有技术储备,能及时解决各个项目监理机构面临的问题,并提供监督、检查、指导服务。也就是说,监理专业化,既包括监理工程师的专业化,也包括监理企业的专业化。

根据建设部的划分,建设工程共有14类专业类别,其中包括:房屋建筑工程、市政公用工程、公路工程、铁路工程、机电安装工程、电力工程、通信工程、水利水电工程、农林工程、冶炼工程、矿山工程、化工石油工程、港口与航道工程、航天航空工程。而根据建设部第158号令《工程监理企业资质管理规定》,工程监理企业共有综合资质、专业资质和事务所资质三种类型。综合资质可以承担所有工程类别的监理业务,而专业甲级资质企业仅可承担相应专业类别的监理任务。

在调研中,我们发现许多监理企业都具备了申报综合监理资质的条件。但当问及其监理业务范围时,大多数企业都声称自己是专业化的监理企业,主要技术力量只能集中在一到两个工程专业领域。如深圳市中海建设监理有限公司(简称中海监理),是深圳最大的监理公司,附属于香港中国海外集团有限公司,1988年开始在国内从事建设工程监理和项目管理业务,其在职员工总数超过1100人,2008年监理营业收入1.16亿元,无论产值还是职工规模都位居深圳第一。目前,该企业拥有的监理资质有:建设部的房屋建筑工程监理甲级、通信工程监理甲级、机电安装工程监理甲级、市政公用工程监理甲级、水利水电工程监理甲级、电力工程监理甲级、农林工程监理甲级、公路工程监理甲级、工程招标代理甲级;国家信息产业部的通信工程监理甲级、信息系统工程监理甲级;建设部港口与航道工程监理乙级。其资质之多,可以说让人眼花缭乱。但是,中海监理公司经营者说:"中海监理的主要业务在建筑工程、通信工程领域,这两块营业额占到80%以上。"他同时说:"只要管理跟得上,多专业是可以的。"但是,监理企业要将监理工作做好,形成"良性循环",似乎应将主要监理业务集中在一两个领域更为可行,也就是我们所说的专业化。同样,深圳市中行建设监理有限公司(简称中行监理)是一家民营监理企业,也是我国最早的一批监理企业,1985年开始监理业务。其在职员工总数超过360人,2008年产值超过6000万元。中行监理具有房屋建筑工程监理甲级、市政公用工程监理甲级、水利水电工程监理甲级、通信工程监理甲级、工程招标代理甲级、工程造价咨询乙级资质。但是,中行监理的监理业务也同样集中在建筑工程和市政工程领域，这两个领域的营业额超过总营业额的80%。中行监理的经营者提出："综合资质只能反映监理企业的监理业务范围，监理企业要发展，必须走专业化道路。每个企业都要有自己的特点和工程专业特长，不可能都一样，更不可能面面俱到（企业异质性）。"

监理企业为什么会出现专业化倾向呢？一是市场需要和路径依赖效应的共同作用结果。市场需要的是专业化的监理服务，只有专业化才能为业主创造效益。为什么业主不愿意自己雇佣工程师来进行工程管理而愿意在社会上委托建设监理呢？除了政府强制的因素外，是因为业主通过聘请监理，可以获得专业化服务，减少自己管理工程的建设风险，更有可能提高工程质量、缩短工期、节约投资。专业的监理服务基于监理工程师的专业水平和监理企业的专业化程度和知识积累。而监理企业的专业化程度和知识积累呈现出路径依赖的特征。二是由监理企业拥有的资源决定的。这种资源是指企业储备的监理服务能力和管理能力。企业因为市场规模的限制，不可能在所有专业上都配备监理工程师，储备监理服务能力，而且监理企业的管理能力也是有限度的。为此，同时以多个专业为重点开展监理业务，必然降低服务质量，砸了企业的品牌。

（三）深圳建设监理行业专业化程度亟待提高

深圳监理行业存在的问题，大都与深圳监理企业的专业化程度不足相关。例如，业主拖欠监理企业监理费，很可能与业主认为监理企业提供的专业服务没有达到预期的目标，而不愿意"花冤枉钱"相关；监理人员不能提供专业化的服务，不能创造效益，当然也就不可能有较高的工资水平和较高的社会地位；业主与监理企业签订阴阳合同，说明业主对监理企业提供的专业服务的评估价值比政府规定的要低；监理企业采用围标方法来获取工程，也反映了监理企业专业化程度低，没有核心竞争力。

因此，专业化是一种效益机制。通过专业化的工作，可以以一种迂回的办法来提高经济效益和社会效益。从"直接钓鱼"到"结网——捕鱼"，结网所浪费的时间和金钱一定是可以通过更高效地捕鱼来弥补的。对监理行业而言，迂回效应意味着业主将部分工作外包；对产业意味着产业链条的延伸。考察工程管理的历史，工程监理职业实际上是建筑设计职业延伸的结果。业主在要求建筑师完成工程设计后，进一步要求建筑师帮其进行工程管理。伴随社会分工深化，建设监理行业逐渐形成。施工阶段监理的主要工作是监督承包单位按图施工，是建筑设计职业的延伸。同时，在实践中也存在一定的反向延伸。许多监理企业或监理工程师在实践中积累了丰富的知识和经验，有能力提出合理的工程设计优化意见，从而改善了设计质量。从人员的素质和能力上讲，从设计职业到监理职业延伸相对容易，而从监理职业向设计职业延伸比较困难。但是，这种反向的迂回也体现了监理企业的特色，提高了监理企业的竞争力。

市场，是需求推动的，同时也是供给，尤其是专业化的供给创造的。首先，业主通常并不相信监理工程师比自己具有更高的工程技术和管理能力，而且也不相信监理工程师的职业操守。监理是通过专业化的服务去打动业主的。就像有些食品企业生产出一种新口味的饼干，消费者并不会接受。企业可以通过先尝后买的手段，使消费者确定这一款饼干是否符合自己的口味。监理企业将监理服务摆在业主面前，业主是不一定接受的。有些业主可能抱着试一试的心态，与监理企业签订监理合同。当业主发现监理服务能为自己提供许多便利，创造许多价值的时候，他们就会将工程建设中聘用监理视为一种惯例并将这一惯例推荐给自己的朋友，从而监理市场就扩大了。例如：深圳中行建设监理公司在2006年通过投标，获得深圳万科房地产公司的一个小项目的监理任务。中行监理没有因为项目小而工作马虎，降低服务质量。他们严谨的工作作风，良好的职业操守，专业的监理服务打动了业主，又接连以协商方式承接万科的多项工程监理任务。目前，中行监理已经成为万科地产的建设合作伙伴。第二，监理市场需要监理企业的宣传和引导。监理工程师提供的是一种智力服务，在提供服务前监理产品是看不见摸不着的。很多情况下，业主不知道监理能为自己做什么样的工作，创造什么样的效益。这就需要监理工程师和监理企业广泛传播监理知识。当然，这种知识传播不同于制造业企业在报纸、电视上发布的产品广告，而是通过接触、交流、共同工作，与业主进行一种知识共享。通过引导业主，也可以获得业主的认同，扩大监理市场。

二、监理市场的交易成本

交易成本，是经济学中的一个概念，用来反映一种市场运行的成本。当市场运行成本高，风险大，人们更愿意自给自足而不依靠市场。也就是说，当市场交易成本高，业主将更依赖自己的管理力量而不依靠市场化的监理服务。

业主和监理之间的交易成本是双方为达成交易行为、履行交易行为所发生的成本以及风险成本。达成交易的成本包括业主选择监理企业发生的成本和监理企业为获取监理项目付出的成本；履行交易成本包括业主因不信任监理工程师而发生的监督检查成本和监理工程师为顺利开展工作发生的沟通成本。风险成本则是为减少建设项目风险而发生的防范成本。

（一）达成监理服务的交易成本
1. 一次性业主与经常性业主的交易成本

考虑到不同业主类型面临的达成监理服务的交易成本差别很大，我们将业主分为一次性业主和经常性业主两种类型。一次性业主是指那些不以建设业、房地产业为主体，也不经常进行工程项目建设的业主。如一些制造业投资者，在投资生产设备的同时，也需要投资建设厂房和办公楼，但这些建设活动通常在很长时间内不会重复发生。一次性业主有两个特点：首先，他对基本建设程序和管理方法不熟悉，也没有充分和恰当的获取信息渠道；其次，因为工程建设是一次性的，当工程完工后解聘这些工程管理人员可能面临复杂的劳资纠纷问题，所以，他不愿意雇佣工程管理人员。

对于一次性业主，选择专业的具有社会性质的监理企业帮助其进行工程管理，是理所当然的。但是，选择监理企业是需要成本的，即搜寻和鉴别信息的成本。在资讯发达的当今社会，可以通过电话、网络、报纸等多个渠道获得关于监理企业的信息，信息搜集的成本并不高。但是，业主可能面临信息过载的问题。对于众多的监理企业，如何判断哪一家企业更加优秀，是较为困难的。

这一点，许多监理企业也认识到了，于是通过形形色色的宣传发出信号，来减少交易双方的信息不对称程度。每个企业都会精心制作自己公司的介绍手册和监理方案，并附上自己曾经完成的典型工程的资料和图片、获得的工程奖励、通过各种质量管理认证的资料，希望用这些资料来表明自己是最优秀的企业。对监理企业，这将产生一笔不菲的交易成本——合同前的准备成本。

对于监理企业发出的信号，这些信号是可信的吗？许多监理企业可能采用虚假材料来骗取业主的信任。业主面对过量的信息，难以筛选和识别。此时，业主将更相信可以通过其他渠道，如自己朋友、下属对监理企业的介绍等，验证信息的真伪而非交易对象提供的信息。当监理企业认识到这一问题后，又努力寻找各种关系来介绍自己。当上述几点成为业主和监理企业交易双方的博弈均衡后，事前交易成本将导致监理企业将更多的工作重心放在获取监理项目上，而不是提高自己工作质量上。

经常性业主是指常年进行工程建设活动的业主。如房地产管理部门、政府的工务部门以及一些常年持续扩张的大型企业，例如深圳华为。这些业主不同于一次性业主，因常年进行工程建设，比较熟悉基本建设程序；而且，有些业主，如房地产公司、政府工务部门，自己本身就具备了比较强的工程管理能力。

从理论上讲，经常性业主是可以不聘请监理的。但是，在实践中，房地产公司和政府工务部门都是监理市场最大的买方。这是因为，许多房地产公司和大型企业已经建立了现代管理理念，并不提倡企业的大而全，而是专心做好自己的主营业务。把对承包商的管理工作外包给监理完成，更符合企业的利益；而政府工务部门是代表政府对公共投资项目进行管理，其编制是受到政府严格控制的。虽然政府工务部门以高工资、工作稳定、福利待遇好等条件吸引了大量人才，技术和管理能力比一般监理公司还要强，但面对政府巨额的投资和众多的项目而言，自身的专业人才资源和管理能力也远远满足不了现实的实际需求。

大型房地产公司因为常年进行工程建设，往往有多个自己比较满意的监理企业合作伙伴，并在每一年中通过调整合作伙伴的合同额，来激励监理企业提供更好的服务。某一合作伙伴的服务质量好，他得到的奖励就是更多的合同额。因此，其选择监理企业的交易成本是比较低的，而且也比较容易进行有效的激励。政府工务部门受到国家有关法规的限制，通常必须采用公开招标方式采购监理服务，交易成本较高。但政府工务部门通过建立预选承包商制度，将自己的发包对象限制在比合作伙伴稍大的范畴，也可以有效地降低信息鉴别成本。

2. 监理公司获得监理业务的交易成本

面对经常性业主，若监理企业有幸成为其合作伙伴，获得监理业务的交易成本是比较低的。对于房地产商和大型企业，监理企业往往采用协商方式来签订监理合同，交易成本可以忽略不计；对于政府工务部门，监理企业需要花费一定的投标费用，包括制作标书的人工费用、标书的购买费用、投标费用等。若仅就一次投标而言，这些费用不算多，但长年累月，也是监理企业一种沉重的负担。

面对一次性业主，监理企业获得业务的机会是十分偶然的。因为大部分监理企业并不知道一次性业主的投资和建设计划，这些信息为业主的少数管理人员垄断。业主的管理人员将根据自己的喜好和各种可能涉及的利益，来选择一些监理企业参加投标或谈判。因此，有些监理企业会雇佣一些营销人员，收集一次性业主的招标信息，从而发生一些交易成本。

一些监理从业人员为了以私人承包的方式承接监理业务，在投标中借用其他监理企业的名义去投标，被称为"挂靠行为"。当然，这种借用行为是需要付出成本的，即一笔"做标费用"。如果中标，挂靠者还需要向出借资质的监理企业支付监理合同额10%~20%的监理酬金作为管理费用。一些企业在一个投标项目中，会同时以多家监理企业的名义投标，即所谓"围标"。当然，围标不但需要组织人力物力做多份标书，发生投标费用，而且需要向参与围标的企业支付费用。因此，围标的交易成本是相当高的。而且，无论是挂靠行为或围标行为，都是法规所不允许的。

3. 谈判成本

当企业初步选定交易对象后，面临与交易对象谈判合同的成本。建设监理服务有两个特点：一是确定酬金在前，监理服务在后；二是监理服务的绩效难以评价。为此，业主和监理企业需要对监理服务的酬金和监理服务绩效评价的方法进行谈判。在我国，建设部颁布了不同规模建设项目的指导性监理取费标准。如果在监理招标投标中酬金标准已经确定，且政府不允许监理市场采用价格竞争方式，则业主会与监理企业重点谈判监理服务的标准和绩效考核办法。

谈判是需要成本的。监理企业作为监理服务的提供者，会根据监理酬金来确定自己的工作标准；业主也会意识到这一点，监理企业由于激烈竞争而报出的较低的监理酬金，必然导致服务质量的下降，业主因而提出许多监理绩效考核条款约束监理行为，并尽可能增加可操作性；而监理企业则会对业主提出的这些条款予以抵制。因为在业主看来，这些条款是必须的，而监理企业则认为是霸王条款。事先确定交易价格和绩效考核困难，是导致谈判成本高昂的根本原因。谈判成本较高（主要是时间成本），导致业主对监理的行为是否合意产生焦虑情绪，对监理行业发展是不利的。

（二）履行监理服务的交易成本

在履行监理合同的过程中，也会产生一些交易成本。这主要表现为业主方发生的对监理行为的监督成本以及业主和监理企业之间的沟通成本。

对于经常性业主，在聘请监理企业的同时，通常还指派自己长期雇佣的工程师进行工程管理，被称为业主方工程师或甲方代表。甲方代表实际上有两重任务，一是根据业主授权进行局部性的工程建设决策，二是代表业主监督监理企业和承包商的活动。

监督成本受到社会环境的很大影响。在一种信任文化盛行的社会中，人和人之间的信任是一种长期博弈后的均衡策略，比较稳定，监督成本较小。而对于一种强调"礼"的社会文化环境，如中国，业主担心监理人员受到承包商的贿赂，不能维护自己的利益。而且，监理活动产生的许多不利后果，并不能当场发现，其出现有一定滞后性。对于非自己下属的员工，业主对于滞后的问题是没有直接处罚权力的，司法成本高也限制了业主间接获得处罚权力。为此，业主的监督似乎也是不可或缺的。

在工程管理过程中，甲方代表和监理企业的许多职能是重叠的。因此，业主认为工程监理导致自己为同一工作支付了两次费用，对监理服务有一些偏见。而监理企业则认为业主不放权，对甲方代表的监督和管理有抵制情绪，从而增加了双方的沟通成本。

（三）监理风险成本

在奈特看来，风险是已知发生概率的不确定性，而对于未来的不确定性人们一无所知。对于工程建设和工程管理，人类已经积累了几千年的工作经验，已具有较强的预测能力。为此，在工程建设和工程管理过程中，人们更多面临的是风险问题，而不是不确定性问题。如果假设人是投机的、有限理性的，交易双方不可能签订完全合同，交易则面临无法完全履行的风险。尤其工程建设工作，是一种非即时结算的交易，面临的风险较一般交易更大。

工程建设风险的大小同业主聘请监理的意愿是正相关的。一方面，业主聘请监理是为了弥补与承包商交易过程中的信息劣势。若监理企业是具有较强技术管理能力和丰富经验的，则可以帮助业主签订相对完备的工程承包合同，或采取恰当的工程管理措施，降低工程建设风险；另一方面，业主也希望将许多管理工作委托监理企业来完成，并由其承担相应责任风险。若监理企业综合实力强，项目经验丰富，在降低业主风险的同时，也减少了自己的执业风险；反之，监理企业则面临双重风险。

风险成本是业主回避风险或监理企业接受风险所发生的成本。监理工作是一把双刃剑，它在带来行业收益的同时，也带来了等量的风险，如技术风险、责任风险、安全风险等。为了规避风险，业主通常会聘请监理企业来减少风险或承担一定的风险，并付出相应的酬金（风险成本）。同时，监理企业往往要求得到一笔额外的酬金作为风险补偿。当监理企业认为工程监理的风险和报酬不匹配，可能拒绝承接监理业务；当监理企业认为工程监理工作风险过大，可能拒绝承担相应工作责任，相关监理从业人员甚至可能选择离职。

下表列举了影响建设监理行业发展的主要交易成本类型及交易成本过大可能产生的问题。

影响建设监理行业发展的交易成本　　　　表 3-1

成本形成原因	交易成本类型	成本形式	延伸的问题或困难
交易过程	达成交易成本	搜寻和鉴别信息成本	信号鉴别/隐瞒信息
		招标投标成本	发出信号无法获得回应
		谈判成本	谈判破裂
	履行交易成本	监督成本	不聘请监理工程师
		沟通成本	误解
风险	风险成本	风险补偿成本	风险过大，终止交易

在达成监理交易阶段，主要面临的交易成本包括业主搜寻和鉴别信息的成本、业主招标及监理企业投标成本、业主和监理企业谈判的成本。相对于搜寻和鉴别信息的成本，产生的主要问题是业主信息过载，判别困难，监理企业的机会主义行为，隐瞒信息。对于招标投标成本，产生的主要问题是业主或监理企业发出的信号得不到反馈或误读信号，从而错误地选择了业主或监理企业。对于谈判成本，主要问题是谈判时间过长而无法决策，最终因谈判双方失去信心而宣告谈判失败。

在履行监理交易阶段，主要面临的交易成本包括监督成本和沟通成本。对于监督成本，其大小同业主与监理企业之间的信任程度成正比。当业主的监督成本过高，业主将倾向自己聘请工程师而不是聘请监理企业管理工程。沟通成本也是同信任成正比的。当业主和监理企业存在沟通困难时，会使双方发生误解，进而影响监理行业的声誉。

交易成本的另外一个来源是风险。业主和监理企业都会对风险作出反应，并进行评估。通常，由于监理企业拥有较强的技术能力和较多的工程经验，会比业主更准确地对风险作出判断并采取预防措施。而这种处理风险能力的差异也是业主聘请监理企业的价值。当工程风险很大，业主和监理企业都会采取回避策略，终止交易。

（四）深圳监理行业的交易成本

交易成本大，也是深圳监理行业发展不理想的一个重要原因。

首先，业主并不十分信任监理企业。项目业主在监理工作的性质、作用的认识上有偏差。一些业主只让监理企业负责工程质量监督和施工安全管理，而投资、进度控制权责则掌握在业主方的工程师手中，使监理企业难以在承包商面前树立威信；同时，业主觉得监理企业和承包商都需要监督，如考核现场监理人员的出勤率等。如果需要监督监督者，业主会觉得成本很高，而这就是一种交易成本。

其次，监理市场的交易成本较高。例如：在深圳建设工程交易市场中，施工企业中标后的交易费用由业主缴纳，而监理企业中标后要自行缴纳；监理交易费用是以监理招标的中标价缴纳，但中标后监理费随施工总价下浮，先缴纳的交易费用却不能退还；而且，业主拖欠监理企业监理费的情况也时有发生，增加了监理企业的谈判成本。

第三，监理市场的信息渠道不畅通，可信度不高。业主找不到好的监理企业，或者没有渠道获得这些信息。而许多监理企业没有正常的渠道获得监理项目。市场上没有可靠的评价机制，使业主和监理企业双方都为确定交易对象花费了大量的成本。而一些监理从业人员凭借自己的信息优势和社会资本，采用挂靠的方式承接项目，使监理企业看起来营业额很高，但实际上只能提取较少的管理费用，且扰乱了监理市场。

第四，监理企业承担了较大的职业风险。通常，人们承担的风险越大，要求获得的收入越高。目前，业主希望监理企业承担自己甚至承包商应该承担的风险，如工程安全责任和工程质量责任。由于监理风险较大，使许多具有较高素质的监理工程师不再愿意从事监理工作，转而从事其他行业。

三、强制性监理制度

在社会学制度学派看来，组织面临两种不同的环境：技术环境和制度环境。组织不仅仅是一种为提高劳动生产率、满足技术要求而催生的产物，也是制度环境的产物。而且，两种环境对组织的要求可能是相互矛盾的。制度环境要求企业采取为社会认同的组织模式和行为，而这些活动可能是与效率无关的。由制度环境所导致的组织采用可能产生效率或非效率的组织模式或行为的现象被称为合法性作用机制。同样，行业与行业间也强烈地受到合法性机制的作用。美国学者迪马乔和鲍威尔提出合法性作用的三种机制：模仿机制、强迫性机制和社会规范机制。

（一）合法性机制

1. 模仿机制

理论认为，模仿性机制来源于环境的不确定性。在生物进化或组织演进过程中的成功者，会成为其他生物或组织的模仿对象。我国改革开放的过程，实际上也是一种制度模仿的过程。在二十世纪八十年代初，我国恢复了世界银行的合法地位，并获得多批贷款。世界银行贷款项目要求按照 FIDIC 模式，以工程师为核心进行工程管理。经过鲁布革工程、京津塘高速公路、济青公路等多个项目的工程实践，证明这是一种先进、高效的管理模式。在政府、媒体、学者的宣传推动下，FIDIC 合同管理和工程监理，成为"无法回避的冲击"。

2. 强迫性机制

强迫性机制是依靠政府来形成的。当政府认识到建设监理是一种先进的工程管理模式，迫切希望其得到快速发展；同时政府习惯计划经济管理模式，忽视对市场的培育和更多地运用市场的力量。从而，中央政府和各级地方政府的建设主管部门通过各种政策法规，强制推行建设监理制度。强制性监理表现为两个方面：一是法规要求。建设部规定了强制监理的范围和标准❶，各级地方政府建设主管部门将强制监理作为一种合法性的标志，层层加码。若在规定的范围内不委托监理，就要受到行政处罚；二是程序要求。有些地方政府建设主管部门并没有提出强制性监理，但要求业主提供相关监理文件作为办理相关手续如施工许可证的条件。其实，也是一种变相的强制监理。

强制推行监理导致监理行业快速膨胀，"这种超前于自身实际能力的快速发展极大地削弱了市场的作用，使得监理行业的发展具有很大的依赖性，发展后劲

---

❶ 建设工程监理范围规模和标准的规定. 中华人民共和国建设部令. 2000. 12. 29。

不足"。市场终究是要起作用的，虽然有时有一些时滞。过度供给，必然导致的是激烈的价格竞争。大多数监理企业在低水平上重复发展，没有形成自己的核心竞争力，而是呼吁政府提高监理收费标准来作为同业主讨价还价的依据。但是，提高监理收费标准又造成另一种强迫性。

在调研中，当问及是否赞同在政府投资的小型项目或非政府投资领域取消强制监理时，大约有70%的被访问对象不赞成取消强制监理，包括政府的质量监督部门和政府工务部门。但是，也有个别监理企业赞成取消强制监理，他们认为强制监理是阻碍我国监理行业发展的重要因素。

3. 社会规范机制

社会规范是一定区域的人群所共同拥有的观念和思维方式。社会规范会对个体和组织行为形成压力和影响。符合社会规范的人或组织，更易于获得社会承认；而行为迥异，则遭到社会排斥。例如，当人们认为大学文凭是鉴别一个人能力的标志，人们将更倾向于获得大学文凭；当人们认为监理是鉴别工程质量的标志，业主聘请监理将使自己的建筑产品更好地销售。

监理行业发展二十年，对我国提高建设工程质量、缩短建设工期、节约建设投资、保障建筑生产安全等方面起到了明显的作用，得到政府和社会的普遍认同。但是，监理还没有品牌效应，没有像建筑师那样成为业主商业宣传的标志。这也表明了社会规范机制是有利于监理行业发展的，是一种有待深入开发的、市场化的发展机制。

（二）强制监理对深圳监理市场的影响

可以确定，强制性监理制度是深圳监理市场发展的巨大推进力量。自1985年在深圳试行地盘管理制度以来，政府一直在监理行业的发展进程中起着主导作用。政府的强制推行，使监理行业迅速从无到有，从小到大。但是，强制性监理制度也产生了不小的负作用。

首先，在监理市场尚未充分发育的情况下，强制性监理制度强行增加了市场对监理服务的需求。为了达到此目的，政府采用了价格管制和市场交易行为管制，即政府规定了哪些项目必须进行监理和采用什么样的价格进行监理。这样，必然导致监理市场功能弱化。当许多企业和个人认为监理行业进入门槛低，纷纷成立监理企业从事监理业务，市场并不能起到汰弱扶强、优化结构的目的。1992~1994年深圳监理行业的快速膨胀和随后政府主导的监理企业精减和调整，就是例证。

其次，监理工作是一种相对软性的、其劳动成果难以评价的活动。当市场上监理企业众多，而由于市场上交易成本较高和我国法律配套体制不完备，政府执行力不强，个别企业的低质量服务影响了整个行业的声誉。这些监理企业根据业主需求，可以提供不同服务内容和服务质量的产品，这本无可厚非。但是，在市场淘汰机制弱化的情况下，市场竞争机制仍然在起作用。监理企业逐渐分层，一些企业将专门从事高标准、高价格的监理活动，走专业化发展道路（在附录 2 中该类企业被称为 S 型企业）；一些企业将在政府强制性监理制度的保护下，强调企业扩张，但企业服务质量和服务水平难以得到有效提高（在附录 2 中该类企业被称为 S1 型企业）；一些企业将更多地从事中小型建设项目的监理工作，以较低的服务质量来维持生存（在附录 2 中该类企业被称为 S2 型企业）。

第三，强制性监理制度可能造成监理企业形成一种"囚徒困境"式的选择（表3-2）。当所有的监理企业都选择高标准服务的时候，因为这种专业化服务可以为业主创造更多的效益，业主愿意付出数额为 A 的报酬，这是一种最理想的状态；但是，在市场机制不完善、信息渠道不通畅的情况下，有些监理企业发现通过适当地降低服务标准（如以低素质人员代替高素质人员降低人工成本、减少人员工作时间等）可以获得数额为 B 的报酬，而坚持高标准服务、不愿意参与价格市场竞争行为的企业只能获得数额为 C 的报酬；当大多数企业都"入乡随俗"、降低了监理服务质量标准的时候，业主将认为监理行业低服务质量、低价格是一种普遍现象，而不愿意为监理企业支付更多的报酬，或认为监理服务没有价值。此时，监理企业只能获得数额为 D 的报酬。我们可以看出，B > A > D > C。

强制性政策下监理行业发展的"囚徒困境"　　　　表 3-2

		乙监理企业	
		高标准服务	低标准服务
甲监理企业	高标准服务	A, A	C, B
	低标准服务	B, C	D, D

下面以甲、乙两个监理企业为例来说明这一问题。对于甲企业和乙企业而言，似乎低标准服务比高标准服务都具有吸引力（在博弈理论中被称为占优策略）。因为当甲企业坚持高标准服务时，乙企业降低标准是有利可图的（B > A）。反之亦然，当乙企业坚持高标准服务时，甲企业降低标准是有利可图的（B > A）。我们发现，虽然所有的企业坚持高标准服务能获得更多的利益（A），但企业更愿意选择低标准服务。

由于强制监理政策的存在，市场不能有效地淘汰提供低标准服务的监理企业，使监理行业的囚徒困境问题更加严重。许多本来坚持高标准服务的监理企业由于经不起诱惑，也从事围标、挂靠等行为，从而导致整个监理行业声誉的降低。

四、监理行业存在问题的诱因

(一)专业化与交易成本的作用

显然,监理行业发展过程中,实际上同时受到专业化、交易成本和合法性的共同作用。在不考虑合法性机制的作用下,当建设监理行业的专业化效益大于交易成本,行业发展快;交易成本大于专业化效益,行业发展慢。这一现象,可以通过微观行为来解析。

监理企业是在追求利润的市场机制作用下发展的,能通过提高专业化效益或有效降低交易成本来找到生存空间。那些主要通过加强学习,提高监理服务质量、提高监理工作劳动生产率的监理企业,可以被称为效益导向型企业。效益导向型企业的发展以专业化机制为主导,通过为业主创造价值来得到发展机会。那些主要通过增加交易成本并相应减少服务成本的企业,如以偶然的交易降低服务质量,牺牲信誉(类似旅游景点的市场);通过关系介绍、以非常规利益手段(如行贿等增加交易成本手段)来吸引业主的企业,可以称为成本导向型企业。监理市场上的企业会出现两极分化,效益导向型企业有更多的机会扩大企业规模,而成本导向型企业则会以更快的速度新陈代谢。当市场上效益导向型企业较多、发展较快时,行业发展快;当市场上成本导向型企业较多、发展较快时,行业发展慢。而在深圳监理行业中,成本导向型企业相对较多,这也是深圳监理行业亟待引导解决的问题之一。

同时,专业化和交易成本之间也存在交互作用。首先,专业化尤其是迂回效应的加大,更多的人将专门从事某一项具体的工作,人力资本专用性将增加。现在,许多监理公司以比较固定的项目机构的形式进行工程监理工作,各个项目机构的组织架构和人员相对固定,监理人员工作相对稳定,可视为分工深入、迂回延伸和人力资本专用性增加的现象;其次,市场效应的增加,增加了监理的交易次数,但可能降低了每对交易对象的交易频率。若采用抽签法选择监理企业,更增加了这种可能性;第三,市场效应和迂回效应都会增加交易双方的依赖性,增加市场风险。若监理行业能作出可信的承诺,表明行业自律是实在的,有利于降低风险,促进行业发展;第四,学习效应节约的成本,是弥补交易成本增加的重要效益源泉。这也是为什么强调监理工程师和监理员每年都要接受后续教育的原因。可见,专业化发展的效益同交易成本是相克相生、共同发展的。

(二)强制性监理制度的作用

如果考虑强制性监理制度的作用会怎样呢?强制性监理制度不会改变上述专

业化和交易成本的作用机理，但会影响专业化和交易成本的作用时间和强度。在我国，监理行业发展受到政府的强制推行，政府、学界和企业对国外工程管理体制和发展进程的模仿，以及社会对工程监理提高工程质量和效益的期望。通过学习和模仿，如采用合同管理制度，采用监理企业资质管理制度，采用监理工程师执业资格考试和注册制度，可以有效地降低环境的风险；政府强制推行，使业主即使担心监理企业存在投机行为的情况下，仍必须聘请监理，增加了监理市场交易频率；社会的期望和舆论宣传也使人们对监理增加了信任感。交易成本的下降，必然导致专业化机制作用强度的相对提高，使监理发展过程加快，在二十年内完成了西方发达国家二百年走过的历程。

值得注意的是，强制性机制似乎对清除交易成本的阻碍作用更加有效，而对专业化发展的作用就没有那么明显。首先，模仿机制和学习效应似乎是基本一致的。但是，在西方并没有明确的、一致的工程管理模式，典型代表如英国、美国、日本各有其特点。我国在监理行业发展初期采用博采众长并结合中国特色这样的学习/模仿方式，但效果并不一定比专业化自然演进产生的效果好；其次，强制性导致了监理行业的快速发展，但各个监理企业之间更多是彼此的复制，如采用类似的监理方案，类似的监理工具和方法，类似的监督检查表格，没有迂回深度的延长；第三，强制性强化了市场对监理的需求，但没有提高监理创造市场的能力。实际上，强制推行监理制度，在一定程度上人为增加了对监理服务的需要，保护了监理能力较差的企业。如果市场优胜劣汰的功能得不到发挥，监理行业的发展就会受到很大阻碍。

（三）监理行业发展模型的影响

研究中发现，影响监理行业发展的因素十分复杂，是一个各种变量交织作用的循环系统。可以用如图3-1所示的因果循环模型表示。

对图3-1的解释从市场对工程监理与相关服务的需求开始。需求是一个行业存在的根基，而需求受到许多因素的影响。从宏观上讲，经济发展是产生工程监理与相关服务需求的根本因素。经济发展必然导致社会基本建设投资的增加，从而增加了对工程监理与相关服务的需求；强制性监理制度增加了工程监理与相关服务的需求。在社会对工程监理与相关服务职业不了解，不愿意接受工程监理与相关服务时，强制性监理制度对推进工程监理与相关服务职业发展起到重要的作用；业主自行管理是工程监理与相关服务的替代品，业主管理成本的增加，必然导致工程监理与相关服务需求的增加❶；而交易成本，如对监理企业缺乏信任、交易风险等原因，将抑制对工程监理与相关服务的需求。

---

❶ 建设监理和业主自行管理是一种替代品，交叉弹性为正。

第三章 深圳监理行业存在问题的根源

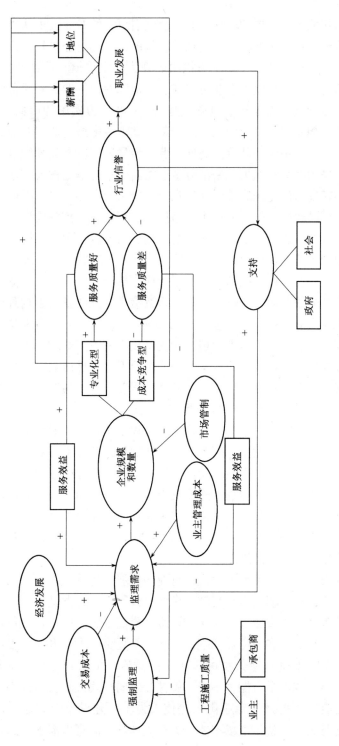

图 3-1 监理行业发展因果循环图

工程监理与相关服务需求的增加，必然会吸引更多的专业人士从事工程监理行业，即工程监理与相关服务的供给增加。在我国，工程监理与相关服务必须以企业的名义履行，工程监理与相关服务供给表现为一定规模和数量的监理企业。我国建设主管部门规定甲级监理企业可以在全国范围内提供专业资质范围内的工程监理、工程项目管理与工程技术服务，但是，一些地方实施的市场管制措施，造成了工程监理与相关服务供给的减少。在某一城市或区域的监理企业，在竞争压力下将逐渐分化。其中，一部分企业向专业化型发展，以高强度管理、高标准服务、高市场价格为特征；而另外一部分企业将向成本竞争型发展，以松散的管理模式、只提供较基本的监理服务活动和竞争性价格为主要特征。专业化型企业提供的监理服务质量较高，能帮助业主严格控制工程质量，控制投资和工期，为业主创造更多的效益，进而刺激市场需求的增加。而成本竞争型企业因不注重管理，不能为或很少为业主创造效益，可能降低市场对监理服务的需求。

专业化型监理企业通过提供高质量的服务而增加行业信誉，成本竞争型企业因不能提供高质量的服务而降低行业信誉。行业信誉的发展直接影响到监理职业的发展。监理职业发展的指标主要包括监理从业人员的工资和社会地位。专业化型企业因秉持高标准服务和高监理价格，能提供较高的工资薪酬，也因为专业技术能力而获得较高的社会地位。而成本竞争型企业因为通过压缩成本来增加企业竞争力，其员工的工资比较低，员工的服务勤勉程度下降，甚至有些监理人员存在向承包商"吃、拿、卡、要"等职业操守问题，从而社会地位较低。

行业信誉和监理职业发展状况与获得的支持程度正相关。如果提供专业化监理服务的企业多，行业信誉就高，职业发展必然顺利，就易于得到政府和社会的支持，从而坚定政府推行强制性监理制度。反之，如果监理行业信誉不高，职业发展不理想，政府推行强制性监理必然受到阻力。推行强制性监理制度的另一个重要因素是我国施工质量的高低。如果业主和承包商不能对工程施工质量予以充分的重视，则强制性监理的必要性必然增加。目前，我国建设工程质量问题比较多，这也是政府推行强制性监理制度的原因所在。

我们可以在力学系统中解释建设监理行业的发展。建设监理行业的发展可以比喻为人力车夫正在拉一辆人力车爬坡。专业化机制可以看做是人力车夫拉车能力的大小。当监理从业人员通过专业化的训练，提高了服务质量，获得市场的认可，就像人力车夫得到了客人的赏钱吃饱了饭，有更多的力量将人力车（建设监理职业）向上拉。当监理从业人员的素质不能保障，比如或者专业技术水平不高，或者经验不足，或者学习能力不强，就像让老弱病残人士去做人力车夫，其提供的拉力十分有限。拉力（专业化）是使人力车（建设监理职业）向上的主要力量。该力量不足，也就是市场不能形成对监理职业的有效需求，这也是影响建设监理职业发展的根本原因。

有两种力量阻碍人力车向前,即人力车自身的重力和人力车运行道路的摩擦力。对应于建设监理职业,这两种阻力分别为完成监理工作的服务成本和完成监理交易的交易成本。监理服务成本主要表现为监理企业的管理成本和监理人员的工资成本,对于某一城市各个企业之间的差距并不明显。因此,我们假设该成本为固定值。而交易成本涉及业主和监理企业双方,是人与人相互作用、相互影响发生的成本。当交易成本大,也就是道路崎岖不平和道路坡度较大,需要更大的拉力去克服摩擦力和人力车自重下滑力,方可以使人力车向前。

还可以有一种力量使人力车向前行进,即在人力车后的推力。或者说,政府有形之手可以积极地干预市场,采用政策手段促进建设监理职业的发展。实际上,我国政府就是利用强大的推力,来推动建设监理职业这辆人力车快速向前的。

人们会对激励作出反应。当前面的人力车夫发现后面的推力相当大,自己的用力减少也不会影响人力车前行的时候,前面的人力车夫将不再勤奋地拉车。当后面的推力发现前面的拉力不足时,也会因为公平感缺失而减少推力。此时,在人力车运行过程中并不十分重要的摩擦力将逐渐凸显出来。但是,如果车上坐着重要人物,如建设工程质量和公共安全问题,政府必然会保持一定的推力而无法撤回这种力量。

可见,人力车的推力可能导致车夫的松懈。当人力车夫不需要出太多的力就可以拉车的时候,老弱病残加入拉车队伍(监理人员素质降低,监理职业发展中存在的第一个问题);拉车的人多了,市场竞争激烈是难免的,不规范的竞争手段也应运而生(监理市场竞争激烈,企业行为不规范,监理职业发展的第二个问题)。

深圳建设监理行业各种问题的产生原因　　　　　表3-3

序　号	存 在 问 题	主 要 原 因
1	监理人员素质低	专业化程度不足,不能创造足够的效益
2	监理市场竞争激烈	专业化程度不足,企业缺乏核心竞争力
3	围标、串标行为	交易成本高,不诚信
4	缺乏有影响力的企业	专业化程度不足
5	业主不信任	交易成本高

第四章 促进深圳监理行业健康发展的若干建议

一、对监理从业人员的建议

(一) 注重学习，提高专业化水平

建设监理职业，是一种强调个人素质和知识水平的职业。知识，既包括在书本中学习到的理论知识，也包括从工程实践的成功和失败中积累的经验和教训。目前，许多监理从业人员不重视对理论知识的学习，而强调你只要告诉我怎么干就可以了。长期在工地现场，只重视实践经验而忽视理论学习，有的监理人员即使参加公司或协会组织的培训教育，也不能静下心来认真学习研究，往往敷衍了事甚至逃避学习。长此以往，导致监理从业人员工作视野狭窄，素质不能得到有效提高。因此，深圳建设监理人员应该注重将理论知识和实践知识的学习结合起来，抛弃重实践轻理论的思想，注重自我学习，提高执业的专业化服务水平。

(二) 注重自我保护，增强工作责任心

从调研中可知，建设监理职业风险较大。为此，监理从业人员应该增强工作责任心，注重自我保护。其实，在已发生的监理人员承担较大风险甚至承担经济、刑事责任的案例中，大都与监理从业人员工作责任心欠缺有关。例如，未能按规范要求进行施工方案的审核，不履行关键部位、关键工序的旁站监理职责等。监理人员自我保护，降低执业风险，首先必须从严格遵循监理规范开展工作做起，严格执行规定的工作制度和审核程序。这样，不但自身的从业风险可以大幅度降低，而且可以赢得业主的信任，减少业主的监督成本。

(三) 不断完善自我，积极面对挑战

监理从业人员必须意识到，监理行业在发展过程中需要经历一个涅槃重生的过程。深圳监理行业发展二十多年，许多监理从业人员已经习惯了强制性监理制度。如果我国监理制度的强制性放松，必然导致监理任务在短时间内大幅度减少，进而诱发监理工作岗位的大幅减少。这将产生一个汰弱留强的过程，对每一个监理从业人员而言，都应该不断完善自我，积极面对挑战。

二、对监理企业的建议

（一）积极开展知识管理、提升核心竞争力

就全国而言，深圳监理企业的企业管理水平总体还是不错的。但是，同工作性质类似的设计单位、咨询单位、科研单位比较，监理企业在企业管理上的差距就比较明显了。例如，许多设计单位、咨询单位已经意识到知识对企业的重要性，积极开展知识管理活动的时候，深圳市大多数监理企业对知识管理还比较欠缺，有的企业管理人员甚至对"知识管理活动"还闻所未闻。

什么是监理企业的核心竞争力呢？是监理企业积累和吸取的知识，这些知识存储在监理从业人员的大脑中，也存储于企业日益完善的工作流程中、与业主建立的良好工作关系中。与业主和承包商分享知识，从知识获取和应用中提高工作效率和效益，是监理创造价值的主要方式。有些企业已经意识到了知识管理的重要性（虽然可能并没有用知识管理这一名词），定期开展企业内部培训，并有意识地将知识以案例的形式积累在电脑中。维护这些知识，保证企业知识的可持续发展，企业竞争力不因为核心员工的离职或退休而下降，是所有企业需要考虑的问题。同时，所有监理企业都应该考虑开展创建学习型监理组织活动。

监理企业的核心竞争力是企业的人力资源。监理从业人员的需要既包括较高的工作报酬，也包括职业尊重和职业发展。如果监理企业因经营情况而不能提供十分有吸引力的薪酬时，应注重设计员工的职业发展路径，为员工提供技术提升的空间。只有这样，企业员工才能保持对企业的忠诚度，企业才能获得持续发展的动力。

（二）严于自律、坚持高标准服务

在上文中，我们以囚徒困境模型说明了监理企业为什么坚持高标准服务、严格自律是很难的。但是，坚持高标准服务、严格自律并遵守行业自律公约，是为深圳整个监理行业作贡献，有利于净化监理市场环境，有利于提高监理行业的社会地位和形象。俗话说得好，"一桶污水加一勺酒，这桶污水还是污水；而一桶酒加一勺污水，这桶酒就成为污水。"因此，企业必须严于自律，杜绝非正当竞争行为，就是不要向监理行业加"一勺污水"。

深圳监理企业也应该注意管理方式，给予项目监理机构足够的技术和管理支持，减少以包代管的管理模式。这样做有三方面的好处：首先，企业应该对项目监理机构进行必要的监督管理，避免一些监理机构发生管理松散、工作不力，甚至吃、拿、卡、要的行为；其次，企业应该对项目监理机构提供足够的技术支持，这种支持可以改善项目监理机构的工作效果，同时对现场监理从业人员也能

起到培训的效果；第三，企业对项目管理机构的支持程度，是企业管理是否正规化的标志之一。通过规范的管理，可以获得业主的信任。

（三）抓住机遇、积极面对挑战

目前，虽然许多地方建设主管部门仍然有严重的地域保护倾向，不愿将本地的监理市场向外地监理企业开放。但是，在经济全球化的背景下，打破地方封锁，实现国内监理市场的全面开放必将到来。这对深圳监理企业来说，挑战与机遇并存。如何抓住有利契机，发挥深圳监理企业自身的固有优势，在立足深圳监理市场的基础上，奋力拓展国内监理市场，瓜分国内监理市场份额，这既是深圳监理企业的机遇，也是深圳监理企业需要积极面对的挑战。

在调研中发现，许多企业领导都在抱怨深圳的政府建设主管部门无条件地向国内监理企业开放深圳的监理市场，殊不知我们深圳本地监理企业如果综合实力、专业化水平、监理服务质量，以及诚信建设等都比国内监理企业高出一筹，国内监理企业根本无法进入深圳监理市场。所以，深圳本地监理企业必须积极面对国内监理企业已经大批进入深圳监理市场的挑战，苦练内功，持续提升自身的综合实力、专业化水平、监理服务质量，以及诚信建设等，只有这样，才能独揽深圳监理市场，还深圳本地监理企业本有的市场份额。

三、对监理行业协会的建议

（一）倡导会员单位走专业化发展之路

业主对监理服务的需求，是一种专业化的服务。业主希望通过监理的服务，为自己创造大于监理酬金的价值。而且，监理服务创造的价值同监理酬金的差额越大，监理服务就越受欢迎。监理企业如何为业主创造价值呢？主要是通过专业化。如前文所述，建设监理行业之所以从设计行业分化出来，是因为专业化的管理更有效率。在我国建设监理行业成立之初，有很多监理人员就来自设计行业，强调监理企业的专业化水平。从监理行业发展的整体利益讲，深圳监理行业协会应该积极宣传监理企业专业化发展的意义，促进监理企业专业化发展，而不是鼓励监理企业去争取什么综合资质。实际上，综合资质可能意味着一些监理公司在自己的专长领域服务很出色，但在某个专业领域可能会降低监理服务质量。少数规模大、实力强的监理企业，应立足于施工阶段的监理服务，并积极向工程项目管理方向发展，努力延伸上下游业务链，争取工程监理企业的综合素质。

监理行业协会应该倡导监理企业加强学习，成为学习型组织。需要注意的是，监理行业作为一种咨询产业，有其特殊性。学习什么，如何学习，如何积累知识，如何应用知识，都是十分值得研究的。为此，监理协会可以多组织企业之间的交流活动，进行专题研讨，分享知识；组织监理工程师和监理员的培训工作，树立其专业化发展思想。

（二）进一步发挥行业维权和协调职能

深圳监理行业协会是深圳监理企业的"娘家"，为监理企业说话、撑腰是协会的重要职责。监理行业协会要积极保护会员企业，对政府、业主提出的不合理要求要坚决抵制。在市场经济中，任何职责都是通过市场来形成的，通过合同来约束的。对监理企业的额外服务要求，必须取得监理企业的认可，必须在监理合同中书面写明。如果监理企业不愿意承担的责任，强加在监理企业头上，是没有任何依据的。行业协会可以专业组织的名义，对这些不合理行为说不。

监理企业和监理人员的不良行为标准，应该由行业协会而不是政府管理部门或相关单位来认定，业主也没有此项权力。任何单位对监理企业和监理人员的处罚或公开性批评，应该征询行业协会的意见，或者依据国家的法律法规，而不能单方面进行。

同时，深圳监理行业协会应该加强行业自律委员会和专家委员会的职能。行业自律委员会要承担起对不能提供规范监理服务的监理企业和个人的检查和处罚职能。自己管好了，有了信誉，也就不需要政府部门进行过多的管理和处罚。专家委员会从专业的角度，应真正承担起监理行业的研究工作，确定监理工作所需要的各类知识的类型和内容，积极推进企业的专业化发展；同时，专家委员会要从专家的角度，同监理行业发展过程中涉及的各个主体进行广泛深入的沟通，增加其对监理行业发展的支持，减少其对监理行业的不理解和损害。

（三）引导会员单位积极面对挑战

监理行业协会可以组织一些专题讨论，就强制性监理政策、监理行业的发展方向、监理企业的管理机制问题等进行分析，澄清大家的认识，统一思想。要让监理企业认识到，强制性监理政策确实有效地促进了监理行业的发展，但也带来一些负面的问题。而且，逐步放松强制性监理政策是必然的，需待建筑业市场相对规范、成熟之后。目前，监理企业要遵循"物竞天择，适者生存"的自然法则，积极应对建筑业行业发展过程中的挑战，有效调整企业的经营策略和管理方式，苦练内功，适应市场。

监理行业协会不但要引导深圳监理企业苦练内功，持续提升自身的综合实力、专业化水平和监理服务质量，以深圳本地监理企业高水平、高质量的监理服务，挑战国内同行，独揽深圳监理市场；而且还要积极引导企业抓住有利契机，发挥深圳监理企业自身的固有优势，在立足深圳监理市场的基础上，奋力拓展国内监理市场，瓜分国内监理市场份额。

监理行业协会可以积极向政府建议，保持监理行业发展政策的方向性不要发生波动,要有稳定性。也就是说,政府应该保持对监理行业的信任和支持,将行业管理的职责逐步交给行业协会,逐步放松对市场的管制,但对在放松过程中可能出现的问题要有充分的思想准备,不能因为个别人、个别事件,而对政策改革的决心发生动摇。

四、对政府建设主管部门的建议

(一) 明确建设监理行业定位,解决"一仆二主"问题

自我国建设监理行业诞生之初,行业定位问题就是一个深深困扰我国监理行业发展的根本性问题。在设立之初,政府为建设监理行业划分了两个层次:政府监理和社会监理;设置了双重任务:为业主提供建设领域的咨询管理服务,为政府保障建设工程质量和安全。虽然,在建设监理行业发展的进程中,政府监理的职能和管理权限逐渐由政府直属的质量监督和安全监督部门承担。但是,相关责任却并没有从监理行业和企业免除,监理企业和监理工程师仍然要承担很大责任。这样,监理企业就面临"一仆二主"的问题。一方面,政府强调工程建设影响第三方利益,需要监理企业承担社会责任,如建设安全问题;另一方面,业主作为监理任务的委托方,强调监理企业必须全心全意地为业主服务。然而,这两个"主人"的意见可能完全不一致,这可难为"仆人"了。例如,当工程出现安全隐患,监理工程师需要发停工令,如果承包商拒绝停工,必按照政府相关管理部门要求将情况上报;而业主可能出于保证工程进度的考虑,不同意监理工程师发停工令和上报相关管理部门。监理工程师何去何从,十分为难。

市场经济,是建立在分工明确、产权清晰的基础上的。要解决监理行业定位不清、一仆二主的问题,就必须划清政府和业主的界限。例如,业主聘请监理工程师提供技术管理服务,是为了保证建设工程质量、进度和投资目的的实现。监理工程师需要按照监理委托合同约定,履行约定的义务。而非业主合同约定的责任,监理工程师将不承担任何义务和责任;政府希望保证建设工程的质量和安全生产,需要有相应的管理力量投入。那么,政府可以从保证社会公众利益的角度,出钱买服务。即政府通过招标或预选服务商的办法,以合同约定的形式要求监理企业或具有相似资质和技术管理能力的企业承担安全管理、质量监督等责任。而且,可以规定同一家监理企业不可以在同一个建设工程项目上既为政府服务,又为业主服务。划清政府和业主之间的界限,解决"一仆二主"问题,将可以较好地解决监理行业定位不清的问题,为监理工程师明确监理目标,提高监理工作质量,从而促进监理行业发展。

（二）树立深圳监理行业名牌企业，探索监理行业管理方法

深圳市政府建设主管部门应该加大对深圳监理企业的扶持力度，树立名牌监理企业。这种扶持的前提是有利于建立公平竞争的市场环境，而不是将一些工程直接点名由某些监理企业来完成。扶持的方式可以通过表彰和宣传，鼓励好的企业好的监理工程师通过提高专业水平和服务质量，来为业主和社会创造效益。

建设主管部门应该认真检讨我国建设监理资质管理的利弊。在行业发展初期，资质管理可以对监理企业进行适当的划分，减少行业管理成本，但是，随着我国经济的发展，资质管理的僵硬、缺乏弹性的缺点日益明显。目前，我国已经具备了太多的甲级监理企业，资质管理应该起到的分类作用已经不十分明显。而且，资质管理引导企业注重规模，而不注重监理服务质量，使监理企业将重心放在如何提高或增加企业资质上，对行业发展是不利的。

政府应当研究试点监理工程师个人执业制度。虽然该制度对监理行业发展的利弊尚难以估计，但监理工程师个人执业制度，类似于律师职业制度的发展，对监理工程师的个人职业地位，无疑可以得到明显的提高，但可能对现有的监理企业格局发生重大影响。

（三）重视并逐步解决影响工程监理行业生存的问题

一是强化对监理工程师的培养，适当减少入门条件，有效缓解供求不足的矛盾。二是政府部门应将目前实行的监理招标文件告知性备案改为审查性备案，严格审查业主的监理招标文件和监理合同，对不合法条款和"霸王条款"责令业主删除或修改。三是对贯彻落实国家和深圳市监理取费规定的执行情况进行检查，对业主恶意克扣、拖欠、减少监理费的行为给予处罚并通报，并建立监理费支付的有效机制和渠道，规定一些强制性措施，确保监理费及时到位，或学习借鉴外地的监理费集中支付制度，消除监理企业的后顾之忧，保障监理人员能独立、公正地实施监理。四是规定业主按月支付监理费，不能按工程进度或阶段支付，因为监理计费主要与投入人员和工作时间有关，与工程进度无关，以避免延期监理业主不补偿的现象；同时监理费也不能实行包干制，若包干费用延期监理将无法得到经济补偿；业主不得占用、利用部分合同监理费给监理人员发放奖金。五是对业主的从业人员实行资质管理，规范和约束其行为。工程项目亦应有相应的业主负责人、项目机构人员通知书，责任明确，有利于相关部门的管理、检查和处罚。六是希望政府部门严厉打击和清理承包商挂靠和无资质分包行为，严查承包商项目经理、技术负责人和施工员、安全员不到位的状况。政府部门、业主不能把监理视为承包商的保证人或总包方，更不能把监理人员当作承包商的项目经理、施工员、安全员看待。

(四) 进一步提升依法行政的水平

政府应该认清工程责任主体,依法行政,不要形成一种"有责任,找监理"的惯性思维。在目前,监理在整个工程管理体系中,所能起到的作用还十分有限。如果只是无限增加监理的责任,必然导致监理人才的流失和监理行业的萎缩。许多监理企业反映政府质量、安全监督机构对监理工作定位认识不清楚,给监理从业人员施加了较大的压力,不利于监理行业发展。为此,需要这些部门积极与监理协会和监理企业座谈沟通,理解监理行业发展的困境,并报以适当宽容的态度。

目前,监理市场的竞争和淘汰机制尚未建立,在此过渡期间,政府应该起到部分市场机制应有的作用。政府建设主管部门应该负担起维护市场秩序的责任。对于不能按规则履行监理服务、参与非正当竞争的监理企业,对于那些对正常市场秩序造成损害的企业,政府主管部门的处罚要及时、公开、公平,落到实处。

(五) 探索改革旁站监理的相关规定

2002年7月17日,建设部印发了"建市〔2002〕189号文",即《房屋建筑工程施工旁站监理管理办法(试行)》。该文要求,"监理人员在房屋建筑工程施工阶段监理中,对关键部位、关键工序的施工质量实施全过程现场跟班的监督"。还规定旁站监理人员的主要职责是:

① 检查施工企业现场质检人员到岗、特殊工种人员持证上岗以及施工机械、建筑材料准备情况;

② 在现场跟班监督关键部位、关键工序的施工,在执行施工方案以及工程建设强制性标准情况;

③ 核查进场建筑材料、建筑构配件、设备和商品混凝土的质量检验报告等,并可在现场监督施工企业进行检验或者委托具有资格的第三方进行复验。

从根本上说,工程质量是施工人员干出来的,而不是监督出来的。为了保障、提高工程质量,应当以提高施工企业的责任心和技术水平为主,以促进各方同心协力为主,而不是强化监督为主,更不能以叠加监督机构为主。对于施工质量的监管,施工单位内部有一套完整的体系,政府派出的职能部门——质监站也有相同的工作责任。现在,该办法又要求监理企业也做同样的工作,而且更具体、更全面、更细致。显然,这期间,存在大量重复劳动。同时,由于严重增加了监理人员的负担,使得监理人员苦不堪言。施工企业的质检员尚不能"全过程的跟班监督检查",怎能要求监理人员如此呢?监理应以预控为主。预控体现了对施工企业的指导、帮助,并辅以抽查,既避免了不必要的重复劳动,又减少了监理人员、施工人员之间的对立情绪。工程施工是一项综合劳动,不可能指望其中某一个环节的强化而绝对保证质量万无一失,片面突出旁站监理,也不能完全保证工程质量。实际上，该办法也没有普遍实施，国家其他部委的建设监理行业都没有照搬。

建议深圳政府建设主管部门另行制定有关加强建设工程监理工作办法，并在办法中突出监理要做好预控，包括对工程造价、进度、质量的监督管理提出具体要求。同时，明确规定监理要进行抽查，以及必要的现场监督，建议不再使用"旁站"一词。

（六）积极开展研究工作，恰当界定建设工程安全生产的监理责任

2006年10月16日，建设部以（建市）〔2006〕248号文印发了《关于落实建设工程安全生产监理责任的若干意见》。该文要求监理企业"对所监理工程的施工安全生产进行监督检查"，具体内容包括对施工准备阶段、施工阶段所有施工活动，乃至竣工后的工作都要进行监督管理。可以说，监理人员所要担负的安全责任几乎等同于施工企业的安检员，甚至还要大。有的地方还要求监理人员负责施工人员的饮食安全、交通安全，甚至土石方运输车辆的交通安全等。

显然，该文把所有施工安全责任都压给了监理单位。殊不知，监理企业的责任和权利来自于业主的委托。业主对于施工活动中的安全事故没有任何责任，而相当多的事故是业主的错误要求导致。责令监理企业承担施工安全责任，既不合法理（建筑法中无此规定），又混淆了是非界限。虽然好像强化、叠加了安全监管，但是，没能从根本上解决问题。因为，施工企业的管理机构对施工活动才有直接、有效的制约能力。监理的监管也是要通过施工企业的管理职能部门去落实。而不可能直接约束工人的操作活动。更不该，也不可能亦步亦趋地查验、约束工人的活动。客观上，这些规定在加大监理责任的同时，松懈了施工企业应有的安全职责，甚至出现了监理企业承担的安全事故责任大于施工企业责任的错误现象。另外，该规定仅仅约束了国内的监理企业，压得监理人员胆战心惊，甚至心灰意冷。但对于与国外监理企业联合监理的项目，却因国外监理企业的异议，而失去约束力，更谈不上与国际接轨。

有鉴于此，建议政府积极支持开展研究工作，确定建设监理工作安全责任的边界和免责边界。明确工程施工安全事故责任由施工企业承担，监理企业仅对于自己的错误指令承担相应的安全、质量、经济责任。

（七）恢复"地方粮票"，缓解深圳市注册监理工程师人员不足的矛盾

全国注册监理工程师数量严重不足已是不争的事实，广东省和深圳市也不例外。有鉴于此，广东省建设厅在2009年8月4日印发《关于加强工程监理管理，促进监理行业健康发展的通知》（粤建管函〔2009〕316号）中，要求全省各地"加强对监理人员的培训，弥补注册监理工程师严重不足的问题"。目前，深圳的全国注册监理工程师总量约有3000名，而真正在监理行业执业的全国注册监

理工程师最多仅有2500名，如扣除各企业经营管理班子成员（如总经理、副总经理、总工、副总工等）的全国注册监理工程师数量，真正能够从事具体工程监理工作的全国注册监理工程师数量最多也就是2000名左右。而据了解，目前深圳市的在建工程项目约有3500项，每一个项目配备一名全国注册监理工程师都不够，怎么能要求总监代表和专业监理工程师也需要具有全国注册监理工程师资格。

在工程施工行业，对于一项在建工程项目，相关法规仅要求施工企业配备一名注册的项目经理或建造师，而在工程监理行业，却要求总监、总监代表和专业监理工程师都必须具有全国注册监理工程师资格，这既不合理、不现实，也确实没有必要。相关法规的制定确实忽略上述问题的客观存在。

为应对国家注册监理工程师数量严重不足的问题，目前，全国大部分省市都实行了本省（市）监理工程师的"地方粮票"，并授权本省（市）建设监理协会，对具有工程师技术职称的监理从业人员，通过适当的上岗培训，并经考核合格后，由本省（市）政府建设行政主管部门颁发本省（市）的监理工程师证书。

目前，全国大部分省市都仅要求项目总监需要具有国家注册监理工程师资格，而对于总监代表和专业监理工程师，均要求持有本省（市）的监理工程师证书即可上岗执业。建议深圳市的政府建设主管部门不妨予以学习借鉴。

另外，当允许一名国家注册监理工程师同时担任两个以上（含两个）的项目总监时，才能要求项目监理机构配置总监代表；而当一名国家注册监理工程师仅担任一个项目总监时，则不应要求项目监理机构配置总监代表。

附录1 深圳建设监理调查结果及统计说明

为了分析深圳监理行业发展中存在的各种问题及其产生原因，我们专门采用问卷调查的方法进行分析。问卷调查的对象主要是深圳的监理从业人员。

一、问卷调查过程分析

调查分两次进行，第一次为试调查，发放调查问卷120份，收到调查问卷88份，回收率73.33%，其中有效调查问卷74份（不包括在正式调查的研究样本之内），有效率61.67%。根据试调查的结果对调查问卷进行了问题题目、提问顺序、词语表达等方面的修改。

第二次为正式调查，时间为2009年5月初～5月底，地点为深圳市。问卷发放途径有四方面：在监理工程师后续教育课堂分发并收集问卷、向监理企业寄送问卷、通过亲戚朋友发送问卷和通过网络发送问卷。2009年5月11日，利用深圳监理工程师协会后续教育课堂，由授课老师帮忙分发问卷150份，收回问卷105份，回收率70%；5月15日到5月20日期间，研究者通过事前向监理企业领导联系，获得同意后向其邮寄问卷，并由其组织员工填写，发放问卷260份，收到调查问卷205份，回收率78.85%；通过在工程领域工作的亲戚朋友发放问卷57份，回收47份，回收率82.47%；通过网络发放问卷50份，回收37份，回收率74%。总计发放问卷517份，回收394份，综合回收率为76.21%。

在回收的394份问卷中，有部分问卷存在多选、错选、漏选的现象。对该部分问卷，采用了两种处理办法。首先，部分问卷在样本个人信息中的职称条目中没有选择。经分析，发现该部分被调查对象刚参加工作，尚没有取得职称证书，因此没有填写该条目。为此，对这部分问卷（共12份）予以保留，而个人职称信息问卷条目"初级职称"调整为"初级职称及以下"。其次，考虑问卷回收份数较多[1]，对其他存在多选、错选、漏选的问卷予以删除。经过样本调整后，有效问卷343份，回收问卷的有效率87.06%。

---

[1] 超过200份，样本量比较大。

二、样本描述

被调查对象信息：根据对 343 份有效调查问卷的整理汇总，可以得到样本的个人信息状况，如附表 1-1 所示。

参与调查者的个人信息特征　　　　　　　　　　　附表 1-1

参与调查者特征	数量	百分比（%）	参与调查者特征	数量	百分比（%）	参与调查者特征	数量	百分比（%）
职称			受教育程度			月收入		
助理工程师及以下	78	22.74	大专及以下	133	38.78	3000 以下	61	17.78
			大学	204	59.48	3000~6000	180	52.48
工程师	188	54.81	硕士及以上	6	1.75	6000~9000	90	26.24
高级工程师	77	22.45				9000~12000	8	2.33
						12000 以上	4	1.17
合计	343	100%	合计	343	100%	合计	343	100%
参与调查者特征	数量	百分比（%）	参与调查者特征	数量	百分比（%）	参与调查者特征	数量	百分比（%）
建筑业工作年限			从事监理工作年限			在深圳工作年限		
5 年以下	59	17.20	5 年以下	97	28.28	5 年以下	114	33.24
5~15 年	132	38.48	5~15 年	212	61.81	5~15 年	175	51.02
15~25 年	97	28.28	15 年以上	34	9.91	15 年以上	54	15.74
25 年以上	55	16.03						
合计	343	100%	合计	343	100%	合计	343	100%
参与调查者特征	数量	百分比（%）	参与调查者特征	数量	百分比（%）	参与调查者特征	数量	百分比（%）
曾从事职业								
业主	99	28.86						
设计	66	19.24						
施工	211	61.52						
造价咨询	28	8.16						
政府部门	15	4.37						
科研	5	1.46						
教育	8	2.33						
其他	48	13.99						

从上表可见，被调查对象以工程师为主体，助理工程师及以下和高级工程师较少，人员职称分布呈"橄榄形"，这一职称构成基本符合监理职业的咨询特征要求。被调查对象受教育程度以大专及以下和大学为主体，具有硕士及以上受教育程度的从业人员较少，说明在第二章中提出监理职业从业人员整体素质不高是有依据的。被调查对象月收入（含年终奖和项目竣工奖）大部分在3000元到6000元之间，似乎并不低。但是，考虑深圳特区内住宅售价在3万元/m^2以上，这一工资并不具有太多的吸引力。少数具有较高月收入（月收入在1万元以上）多为监理企业的领导，其收入数据并不具备代表性。被调查对象大都具备较长时间的建筑业从业经验，80%以上的被调查对象已经在建筑业从业时间超过5年。考虑建设监理职业十分强调从业人员具备较多的工程经验，这一样本特征数据并不意外。被调查对象30%具有5年以下监理工作经验，60%具有5～15年的监理工作经验，这说明监理职业从业人员不但具有较多的建筑业从业经验，还具备较多的监理工作经验。被调查对象监理从业人员约30%在深圳工作5年以下，50%在深圳工作5～15年，说明被调查对象大都在深圳工作多年。被调查对象60%以上曾经在施工企业工作过，有近30%曾作为业主，这说明业主方工程管理、施工管理和监理工作，有许多相同之处，也说明许多从事施工管理的技术人员转向从事监理工作。

从附图1-1～附图1-7可以直观地看到被调查对象的个人信息特征。

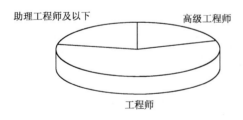

附图1-1 被调查对象的职称分布情况

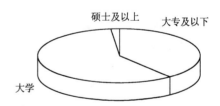

附图1-2 被调查对象的受教育年限分布情况

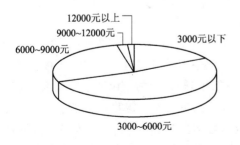

附图1-3 被调查对象的月收入分布情况

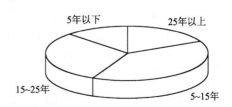

附图1-4 被调查对象的建筑业从业年限分布情况

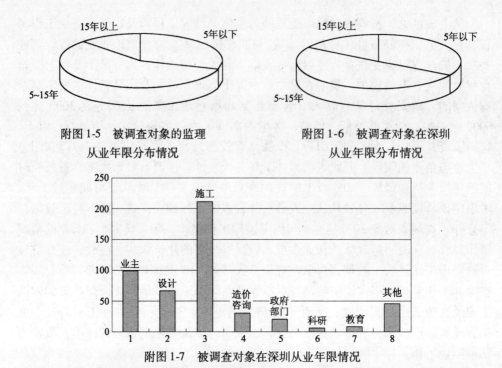

附图1-5 被调查对象的监理从业年限分布情况

附图1-6 被调查对象在深圳从业年限分布情况

附图1-7 被调查对象在深圳从业年限情况

三、问卷调查获得的信息分析

对问卷问题进行了基本计算，得到被调查对象对相关问题回答的平均值和方差，用以描述被调查对象对相关问题的肯定/否定程度（平均值）和意见分歧程度（方差）。

被调查对象对相关问题的肯定/否定程度被分为五个类别。A类问题得分为2到3分，被调查对象普遍否定该类问题；B类问题得分为3到4分，被调查对象倾向于否定该类问题；C类问题得分为4到5分，被调查对象倾向于肯定该类问题；D类问题得分为5到6分，被调查对象普遍肯定该类问题；E类问题得分为5到6分，被调查对象十分同意该类问题。

被调查对象的意见分歧程度在0到4之间。考虑所有问题都统一用7个标度来衡量，各个问题之间的方差可以进行比较。方差在0到2之间，可以认为被调查对象对该问题的分歧意见较小；方差在2到3之间，可以认为被调查对象对该问题的意见有一定分歧；方差大于3，可以认为被调查对象对该问题的分歧意见较大。

从附表1-2中，我们可以看出被调查对象对监理行业/职业的发展状况是不满意的，对相关问题回答的平均值小于4，且方差基本小于2；被调查对象对监理工程师承担风险大（交易成本）这一问题给出了一致的回答，对相关问题回答的平均值大于6，且方差基本小于1。

参与调查者问题回答情况汇总说明　　　　　　　　　　　　附表 1-2

问题类别	问题内容	平均值	方差
A类	70. 从事监理职业，工作很轻松	2.59	2.14
	69. 从事监理工作，有很多机会获得外快	2.60	1.90
	66. 我愿意让我的子女从事监理行业	2.73	2.28
	71. 同样资历的监理工程师的工资高于造价咨询工程师	2.91	2.09
B类	64. 我对从事监理工作的工资十分满意	3.01	2.53
	67. 我对从事监理工作的社会地位十分满意	3.15	2.42
	37. 我认为强制性监理制度并不一定有利于监理行业的发展	3.54	3.22
	73. 我从未有过转行的念头	3.58	2.88
	29. 当承包商存在安全隐患而拒不整改，业主态度不明确时，我不会下发停工令	3.63	3.83
	48. 我听说或在文章中看到有些人呼吁取消强制性监理	3.66	2.27
	25. 监理费较低时，我公司的监理服务水平会有所下降	3.70	3.51
	68. 从事监理工作后，很容易转行	3.87	2.44
	77. 现在，有许多青年人愿意从事监理工作	3.88	2.05
	58. 我觉得近五年内，监理行业的日子会比较好过	3.98	2.32
C类	1. 业主并不十分相信我签署的工程签证文件	4.03	2.94
	61. 监理行业发展好于造价咨询业	4.05	1.93
	2. 我签署的工程结算资料，业主并不十分认可的	4.07	2.85
	54. 我公司的监理业务总处于饱和状态	4.08	2.08
	13. 逢年过节，我单位需要向业主请客送礼	4.16	2.55
	22. 当企业人手紧张时，我公司因无法保证服务质量，不会承接新的监理业务	4.18	2.55
	3. 业主经常派人检查我是否在岗	4.34	3.01
	63. 监理公司的老板赚了很多钱	4.34	2.30
	34. 我觉得大部分业主不太情愿聘请监理	4.38	2.42
	75. 我以从事监理行业为自豪	4.38	2.67
	49. 我觉得承包商的管理日渐规范	4.48	2.56
	52. 深圳市监理市场上的企业规模都比较大	4.50	2.32
	24. 当业主要求的监理费用远低于国家标准时，我单位不会去监理	4.53	2.12

续表

问题类别	问 题 内 容	平均值	方差
C 类	35. 如果不是程序（如办理施工许可证）要求，我觉得大部分业主将不雇佣监理	4.57	2.92
	60. 监理行业发展得越来越好	4.63	2.46
	59. 我对监理行业发展充满信心	4.67	2.69
	28. 我听说有一些监理工程师不遵守职业操守，有吃拿卡要行为	4.70	2.44
	50. 我认为承包商的施工质量正在提高	4.73	2.03
	74. 我热爱监理行业	4.73	2.41
	41. 大部分承包商愿意接受监理工程师的监督管理	4.74	2.33
	4. 为获取监理业务，我所在的公司付出很多前期成本	4.75	2.27
	57. 有人主动打电话请我公司去谈监理业务	4.77	1.60
	55. 我公司常年招人	4.79	1.90
	78. 我觉得房地产公司不太愿意雇佣监理	4.87	2.07
	56. 我公司经常收到监理的邀请投标函	4.89	1.44
	42. 大部分承包商对监理的评价是积极的	4.93	1.77
	46. 政府对监理行业的支持逐渐增加	4.94	2.17
D 类	40. 大部分业主认为目前监理行业是必不可少的	5.00	1.70
	72. 从事监理工作期间，我长了很多本事	5.05	1.91
	44. 安全监督部门比较信任监理的工作	5.06	1.83
	33. 目前，我认为监理从业人员素质已有很大提高	5.08	1.98
	12. 业主方工程师时常对我的工作进行监督	5.11	2.05
	43. 质量监督部门比较信任监理的工作	5.12	1.79
	5. 我所在的公司有多个人专职负责监理投标事务	5.24	2.43
	21. 我公司在承担一项监理服务后，业主很愿意将下一项监理任务交给我们	5.28	1.21
	47. 较 5 年前，现在社会对监理工作更加认可和支持	5.33	1.65
	11. 我公司很担心业主是否能按时足额支付监理费用	5.35	2.23
	39. 我认为大部分业主对监理服务质量是满意的	5.39	1.06
	62. 我同意监理企业应该向项目管理公司转型	5.41	1.79
	38. 我觉得大部分业主对监理业的评价是积极的	5.46	1.06
	31. 我可以很好地协调业主和承包商之间的冲突	5.48	1.03
	14. 我公司专业水平最高的工程师愿意给我提供专业技术上的指导	5.51	1.53
	53. 深圳市监理市场上的企业太多了	5.51	1.74

续表

问题类别	问题内容	平均值	方差
D类	27. 作为监理，我会想办法为业主降低成本	5.52	1.58
	45. 政府对监理的评价总体上是积极的	5.54	1.15
	51. 业主不会纵容承包商降低工程质量	5.55	1.59
	76. 现在，很多从事监理行业的工程师跳槽到建设单位	5.55	1.47
	79. 业主最看中的是监理服务的质量	5.57	1.62
	6. 在一年中，我公司投了很多监理标	5.61	1.52
	20. 我公司提供的监理服务普遍得到业主的称赞	5.62	0.96
	65. 监理的收入水平相对其他建筑专业人员来讲，是偏低的	5.63	2.95
	23. 与其他公司相比，我公司能提供更专业化的服务	5.66	1.22
	17. 我单位经常组织监理业务学习	5.68	1.38
	15. 我公司有为每一个项目监理机构提供技术支持的制度	5.71	1.73
	32. 我工作雷厉风行，从不拖沓	5.8	0.7
	80. 实施监理制度，使我国工程建设质量有很大的提高	5.89	1.01
	36. 我认为强制性监理制度是必要的	5.98	1.57
	7. 现在，我觉得从事监理工作的风险很大	5.99	1.61
	30. 我可以及时发现承包商施工中存在的问题并责令其整改	5.99	0.72
E类	16. 我会认真履行监理规范中的每一项职责	6.08	0.75
	26. 我能严格按照规范对工程各个分部分项质量进行检查和验收	6.08	0.61
	18. 我很注重学习新监理知识和法规	6.13	0.76
	19. 我公司定期对每一个项目监理机构的工作进行巡查	6.13	0.85
	8. 作为监理工程师，我要承担很大责任	6.24	0.97
	10. 业主大都很在意监理工程师是否总在工地现场	6.27	0.60
	9. 刮台风时，我很关心工地的安全情况	6.48	0.40

对于是否应该实行强制监理，即合法性问题，被调查对象的回答并不明确。如对问题34"我觉得大部分业主不太情愿聘请监理"回答的平均值为4.38，倾向于肯定；而对问题48"我听说或在文章中看到有些人呼吁取消强制性监理"回答的平均值为3.66，倾向于否定。由于这两个问题的方差均超过2，说明被调查对象对该问题意见存在一定的分歧。

对于专业化问题的回答，也呈现出了较大的差异性。一方面，被调查对象对自己的专业能力体现出了比较强的自信，如：问题32"我工作雷厉风行，从不拖沓"回答的平均值为5.80，方差为0.8，意见为肯定且回答基本一致；而问题25"监理费较低时，我公司的监理服务水平会有所下降"回答的平均值为3.66，方差为 3.51，问题 29 "当承包商存在安全生产隐患而拒不整改，业主态度不明确时，我不会下发停工令"回答的平均值为 3.63，方差为 3.83，意见倾向为否定且回答分歧很大。这说明，不同监理工程师，对自己是否能真正达到专业化要求，并不能充分认识。这也说明，对于问卷中专业化的相关问题，可能需要进行一定程度的调整。

附录2 强制性监理政策对建设监理行业发展的影响分析

一、完全市场调节下的监理市场

在完全市场调节下,监理服务的数量和价格由监理服务的需求和供给决定。监理服务的供给函数(附图2-1)的自变量包括监理服务市场价格水平、监理服务面临的风险水平、监理工程师的平均工资水平、一般监理人员的平均工资水平、监理服务面临的交易成本、其他影响因素。即:

$$S = f(p, y, r_1, w_1, w_2, tc_1, \varepsilon)$$

(附式2-1)

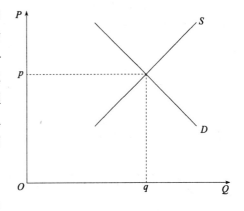

附图2-1 在完全市场调节下监理服务的供求图

式中 S——建设监理服务供给函数;
p——监理服务市场价格水平;
r_1——监理服务面临的风险水平;
w_1——监理工程师的平均工资水平;
w_2——监理员的平均工资水平;
tc_1——监理服务面临的交易成本;
ε——其他影响因素。

监理服务的供给量同监理服务的市场价格水平正相关;监理服务的供给量同监理服务面临的风险水平、监理工程师的平均工资水平、一般监理人员的平均工资水平、监理服务面临的交易成本负相关;其他影响是指影响监理服务供给量的随机因素。

监理服务的需求函数的自变量包括监理服务市场价格水平、监理服务为业主创造的效益增量、业主面临的风险水平、业主自行工程管理的平均成本、业主面临的交易成本及其他影响因素。即：

$$D = f(p, r_2, w_3, y, tc_2, \varepsilon) \qquad \text{（附式 2-2）}$$

式中　D——建设监理服务需求函数；

　　　p——监理服务市场价格水平；

　　　y——监理服务为业主创造的效益增量；

　　　r_2——业主面临的风险水平；

　　　w_3——业主自行工程管理的平均成本；

　　　tc_2——业主面临的交易成本；

　　　ε——其他影响因素。

监理服务的需求量同监理服务的市场价格水平、业主面临的交易成本负相关；监理服务的需求量同监理服务为业主创造的效益增量、业主自行工程管理的平均成本、业主面临的风险水平正相关。其他影响是指影响监理服务需求量的随机因素。

通常，若 $y - [(p + tc_2) - w_3] + r_2 > 0$，业主将倾向聘请监理，增加监理的市场需求。否则，业主将倾向自行管理而不接受监理服务。若将监理服务水平设为既定的情况下，当 $p - (w_1 + w_2) - r_1 > 0$ 时，监理企业将增加提供监理的意向，否则将不愿提供监理服务。

二、考虑外部性条件下的监理市场

完全市场是一种理论的基准点（benchmark），它可以作为现实的对照物，但并不是现实的反映。同样，我国的建设监理市场自其诞生之日起，就是市场无形之手和政府有形之手共同操纵的产物。这一点可由 1989 年建设部颁布的《建设监理试行规定》（已失效）看出。该法规对监理工作的定义是："建设监理包括政府监理和社会监理。政府监理是指政府建设主管部门对建设单位的建设行为实施的强制性监理和对社会监理单位实行的监督管理。社会监理是指社会监理单位受建设单位的委托，对工程建设实施的监理。"实际上，目前的监理行业就是该法规所定义的社会监理的内容。而政府监理的内容，由政府的直属事业单位如建筑工程质量监督部门、建筑工程安全生产监督部门、政府投资项目招标投标中心等单位执行。

该法规提出了实施建设监理的目的："为了改革工程建设管理体制，建立建设监理制度，提高工程建设的投资效益和社会效益，确立建设领域社会主义商品经济新秩序，特制订本试行规定。"可见，监理行业在诞生之初就明确赋予了

"提高社会效益"的责任。

该法规还赋予监理工程较大的权力。"建设单位与承建单位在执行工程承包合同过程中发生的任何争议，均须提交总监理工程师调解。"[1] 在该法规中，监理企业有较广泛的业务空间，包括在建设前期阶段、设计阶段、施工招标阶段和施工阶段提供监理服务。1996年，建设部颁布了《工程建设监理规定》取代了1989年的《工程建设监理试行规定》，在文件中明确了监理就是社会监理，取消了政府监理的说法。提出，"工程建设监理是指监理单位受项目法人的委托，依据国家批准的工程项目建设文件、有关工程建设的法律、法规和工程建设监理合同及其他工程建设合同，对工程建设实施的监督管理。"并且，在法规中通过强调"监理单位是建筑市场的主体之一，建设监理是一种高智能的有偿技术服务"，"监理单位与项目法人之间是委托与被委托的合同关系"；"监理单位应按照'公正、独立、自主'的原则，开展工程建设监理工作，公平地维护项目法人和被监理单位的合法权益"等条款来表明，监理并不完全为业主的利益服务。也就是说，政府是认可监理有正外部性特征的。

在政府心目中，认为监理是政府进行建筑市场管理和建设工程管理的有力助手，是政府职能的延伸。并且愿意为监理发挥此类职能提供扶持和帮助。政府为什么对监理有这种定位呢？这种定位，是源于监理工作是一种有正的外部性的工作。

外部性和信息不对称、市场失灵，都是对完全市场假定的一种破坏。所谓外部性（Externalities），是"对他人产生有利的或不利的影响，但不需要他人对此支付报酬或进行补偿的活动。当私人成本或收益不等于社会成本或收益时，就会产生外部性。外部性两种主要的类型是外部经济（正的外部性）和外部不经济（负的外部性）。"建设监理是一种有正的外部性的活动。这是因为，无论工程建设过程中，还是工程在交付使用后的长年使用过程中，工程的质量和安全问题都不但威胁到工程的建设方、施工方和使用方，而且影响到与工程利益不相关的第三方。例如：1984年7月1日，北京市某县南口机械修造厂组装车间整个屋顶坍塌，两名工人被砸死，两名工人被砸成重伤。该事故发生的原因，主要是由于该车间建筑设计不合理，施工质量低劣，致使整个车间的建筑结构失去稳定。而监理工程师作为业主聘任的专业人员，可以依据经验对设计图纸的合理性进行分析

---

[1] 强调监理工程师的独立性是受国际咨询工程师联合会 FIDIC 合同的影响。FIDIC 合同于1999年进行了修订，弱化了对监理工程师独立性的要求。

判断，并要求施工单位严格履行工程质量责任，按施工规范安全生产，从而减少对工程第三方利益受损的概率。

根据经济学理论，在一种活动具有正外部性的情况下，其私人需求是小于社会需求的。如附图2-2所示，在完全市场条件下，对监理服务的需求曲线用D（私人）来表示；在考虑外部性的条件下，对监理服务的需求曲线用D（社会）表示。D（私人）曲线在D（社会）曲线的下方。

考虑监理活动的外部性后，监理服务的社会需求价格为P_1，社会需求数量为Q_2，均高于完全市场条件下对监理服务的需求价格和数量（附图2-2）。由于私人需求不足，会导致有外部性的活动的数量少于社会最适数量，价格低于社会最适价格。

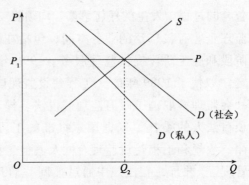

附图2-2　考虑外部性条件下的监理服务的供求图

三、政府法规对监理市场的影响

既然监理活动能产生正的外部性，如何能使监理的社会需求曲线实现呢？

对于外部性，早在二十世纪初，经济学家庇古（A. C. Pigou）就发现了完全市场只是一种理论上的假设，现实世界有许多导致完全市场不能有效配置资源的因素，即市场失灵❶。庇古也为市场失灵开出了药方：收税。通过向污染等产生负外部性的生产活动征税，使其达到类似于完全市场情况下能够达到的合意的水平。补贴，是一种收税的反向方法。补贴的对象，既可以是生产者，也可以是消费者。补贴生产者，生产者的实际生产成本将降低，供给曲线右移，供给增加，价格下降；补贴消费者，消费者的实际需求将增加，需求曲线右移，需求增加，价格上升。附图2-3即反映了补贴消费者产生的后果。

补贴，意味着国家和地方政府增加财政支出。但是，在我国20世纪80年代末，实施这样的政策是国家财政条件难以支持的。各个地方政府的财政也不宽裕。为此，政府利用行政权力采用管制措施来增加对建设监理的需求，是直接而有效的方法。

---

❶ 庇古，朱泱等译. 福利经济学. 北京：商务出版社，2006。

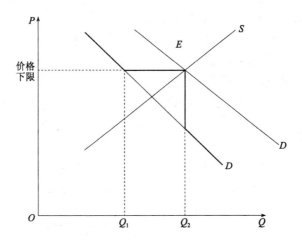

附图 2-3　考虑外部性条件下的监理服务的需求曲线

1992 年，建设部和国家物价总局联合发布了"关于发布工程建设监理费有关规定的通知〔1992〕价费字 479 号"（已失效），规定工程建设监理费可以"根据委托监理业务的范围、深度和工程的性质、规模、难易程度以及工作条件等情况，按照下列方法之一计收：按所监理工程概（预）算的百分比计收；按照参与监理工作的年度平均人数计算：3.5 万～5 万元/人·年"，并规定了在不同工程规模下相应的指导费率标准。同时还规定，"工程建设监理收费标准为指导性价格，具体收费标准由建设单位和监理单位在规定的幅度内协商确定"。

例如：若工程投资在 1000 万～5000 万元，监理费率则介于 1.4% 到 2.0%，监理费用在 20～70 万元之间。对于 5000 万元的工程，工程监理费为 70 万元。1992 年，我国城镇职工人均平均工资为 2711 元。若以当时的城镇职工人均平均工资计算，70 万元意味着 258 人年的工作。考虑 5000 万元投资的工程需要投入 6 个监理工程师及一般监理人员工作两年（12 个人/年的工作），以当时的工资水平计算，监理行业的边际利润仍然是相当可观的。可见，该价格水平是位于完全市场均衡价格之上的（附图 2-2）。

当政府规定的最低限制价格位于市场均衡价格之上时，必然导致市场供给过剩和市场需求短缺。如附图 2-3 所示，监理市场将产生 Q_2-Q_1 的市场短缺。

如何能保证监理市场的均衡出现在 E 点，即市场均衡价格为政府规定的价格下限，市场均衡数量为 Q_2 呢？有两条措施：第一，加强政府的宣传和引导作用。在我国确立建设监理制度到监理制度全面推行期间，即从 1988～1995 年，通过相关领导讲话、学者及新闻媒体的广泛宣传，积极推广建设监理制度。并且，政府主导和支持监理行业发展，尤其是要求政府投资项目尽可能按建设监理模式来进行工程管理。1988 年，国务院对政府机构进行了调整和改革，原国家计委所属的施工管理局、设计管理局等单位划出组建建设部，设立了设计管理司、建筑业司和建设监理司等单位。其中，建设监理司负责指导全国建设工程施工监理业务。监理司的成立向各个省市政府表明了国家推行监理的决心和态度。第二，政府主管部门明确了必须进行采取监理模式进行工程管理的建设工程范围和规模标准。1995 年，建设部颁布的《工程建设监理规定》中明确提出，必须实施工程建设监理的范围包括："大、中型工程项目；市政、公用工程项目；政府投资兴建和开发建设的办公楼、社会发展事业项目和住宅工程项目；外资、中外合资、国外贷款、赠款、捐款建设的工程项目。"2000 年，建设部又进一步明确了强制监理的范围和标准，规定："国家重点建设工程；大中型公用事业工程；成片开发建设的住宅小区工程；利用外国政府或者国际组织贷款、援助资金的工程；国家规定必须实行监理的其他工程必须实行监理。"上述两条措施确保了建设监理制度顺利在我国推行。

有一些数据可以说明上述结论：1988～1995 年，我国监理企业从 100 家左右增加到 1500 家，增加了 14 倍，年均增长 40.29%；监理从业人员从 3000 人增加到 80000 人，增加了 26 倍，年均增长 50.75%。在 1998 年，我国监理制度主要在"八市二部"试点，共 50 项建设工程实施了监理；其他 25 个省市及国务院 15 个工业交通部门，也积极参与试点，有近 200 项建设工程实施了监理。到 1994 年，全国 29 个省、自治区、直辖市和国务院 39 个工业、交通部门实施了监理制度，实施监理制度的地级以上城市达到 153 个，占总数的 76%。可见，从供需两个方面衡量，监理的增长都是迅猛的。或者说，在此期间，监理市场是在接近均衡点 E 的位置运行的。

四、市场对行政法规作出的反应

市场是一个自组织的系统。当受到外界力量的作用，必然会作出反应。在监理制度实施初期，政府成功地将监理市场的运行确定在自己期望的位置运行，但短期可以，长期不可以。因为，市场或迟或早，会发现政府政策系统中存在的漏洞。

当监理市场把价格确定在政府规定的价格下限并将成交量确定在 Q_2 时，市场的实际需求曲线为 *ABEFG*（附图 2-4），政府期望监理的供给曲线为 S，均衡点为 E。

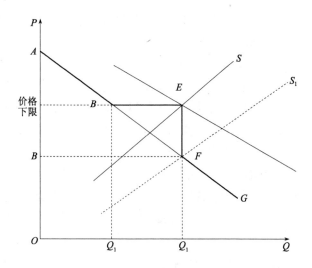

附图 2-4　在政府管制条件下的监理服务供给曲线的移动

有些监理企业发现：①监理具有"期货"的特点，即签订合同在前，提供服务在后；②监理服务的质量难以度量，因为工程建设质量受到众多因素影响，即使被监理工程出现各种问题，业主也难以有明确的证据证明这些责任是由监理工程师的责任产生的，从而拒绝支付监理费；③许多建设项目业主是一次性业主，通过适当压低监理服务质量，可以提高监理企业的利润，而且对企业的信誉影响不大。也就是说，由于监理服务绩效衡量的困难，导致监理企业有降低成本的冲动。

我们知道，企业的供给曲线是企业可变成本之上的边际成本曲线。有些监理企业通过雇佣退休人员、刚毕业的大学生来降低监理边际成本，可谓"老的老，小的小"。这些监理企业的供给曲线由 S 移动到 S_1。但问题在于，业主无法判断监理企业是 S 型的还是 S_1 型的，阿克洛夫的"柠檬市场"❶ 在这里再次出现了。业主逐渐意识到，监理市场存在着价格下限到 F 之间的议价空间。在建设主管部门规定的监理范围和标准不可以违背或违背成本较高的情况下，价格成为监理市场供求双方主要的谈判议题。

对于非政府投资项目，S_1 型的监理企业愿意与业主（尤其是一次性业主）协商，签订"阴阳合同"，即向政府备案的建设监理委托合同是符合法规要求的，而实际执行的合同却低于法规的要求。如果业主无法准确区别 S 型企业或 S_1

---

❶ 柠檬市场是劣等品市场的含义，诺贝尔经济学奖获得者阿克洛夫用柠檬市场来反映二手车市场在信息不对称条件下，劣等品驱逐优等品的现象。

型企业,往往倾向认定这两种企业可能提供的服务质量是一致的,从而监理服务价格成为选择的唯一依据。S_1型监理企业的存在,导致了监理市场上的恶性价格竞争,使监理行业发展的环境恶化。

对于政府投资项目,业主没有动力要求监理单位签订"阴阳合同",减少支付的监理费用,并同时承担违反政府政策的风险。但是,政府投资项目的业主也确确实实意识到议价空间的存在。他们会要求监理企业提供超过正常数量的、有执业资格、有经验、高素质的监理工程师来承担监理服务,并附加了一些"霸王条款"。如规定业主可以检查监理工程师的工作文档资料,对监理工程师进行考勤;要求监理企业为业主免费配备资料管理人员;要求监理企业为业主提供某品牌的交通工具等。当然,要求监理企业提供高素质的人才,并作为投标资格审查的依据,是区分S型监理企业和S_1型监理企业的重要手段,是无可厚非的;但是,霸王条款实际上是错误的,反映业主在明知有议价空间而无法议价时,在心态上的一种扭曲。

当然,监理企业的心态也在逐渐发生变化。当市场淘汰机制不十分灵敏有效时,许多S型企业会羡慕S_1型企业的竞争能力和赢利能力。有些S型企业出借自己的企业资质,允许别人挂靠,参与围标。当S型企业和S_1型企业的界限模糊的是时候,监理行业的前景也就愈发暗淡了。

正如上文因果循环图表现的那样,市场会在一定惯性的作用下不停的运转,无论是向上还是向下。政府在实施监理制度后,发现监理制度除了正外部性带来的好处外,尚有一些附带的好处——减少了政府的监管责任和社会压力。在出现建筑工程重大质量责任事故和安全事故,人们自然地问责施工单位,由其承担错误或疏忽行为造成的质量安全责任;问责监理单位,由其承担监管责任。而以往作为监管单位的政府部门,将以工程责任大小和归属的审判者出现,基本不再承担任何责任。

各级政府为了减少自己的监管责任,都有将建设工程监理标准和范围扩大的趋势——即使有些工程因为规模小,并不需要进行监理。例如一些投资金额较小的基建项目、维修项目和绿化项目,都要求委托社会监理。监理行业在一定程度上成为一种"以钱来换责任"的行业。

此外,一些程序性要求也扩大了对监理服务的强制范围。如一些地方建设管理部门规定在办理建设项目施工许可证时,要求业主同时提供监理单位的名称、总监理工程师的名称和监理合同。许多业主尤其是私人业主,不是因为对监理服务有需求,而是仅仅因为程序需要而聘请监理。这意味着监理市场实际的成交量在H点(附图2-5)。

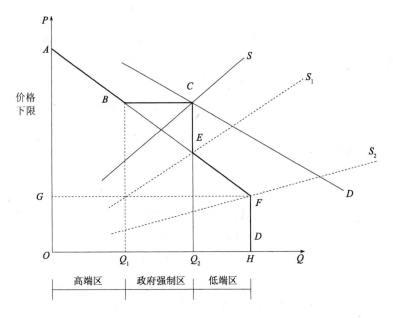

附图2-5 在政府管制条件下监理服务供给曲线的进一步移动

在上图中,政府在程序上对监理制度的进一步强制,导致监理市场的扩大。但是,Q_2到H的业主可能不在政府法规强制的必须聘请监理的建设项目范围。在H点位置的监理量,对应G点的成交价格。也就是说,该部分业主对监理服务的需求意愿很低,愿意支付的价格也很低。当然,监理服务的提供者也会对市场出现的新情况作出反应。供给曲线进一步移动,从S_1移动到S_2,即出现S_2型企业。

这样,监理市场被区分为三个区域:高端区、政府强制区和低端区。高端区主要指S型监理企业,该类型企业技术和管理能力强,强调以提供有价值的服务来吸引顾客,注重企业的声誉,在完全市场状态下也具有较强的生命力。政府强制区主要指S_1型企业,该类型企业具有一定的技术和管理能力,愿意为监理行业的发展维护行业尊严,但迫于市场竞争压力和经营压力,偶尔有挂靠、围标、"阴阳合同"等违规行为。低端区主要指S_2型企业,该类型企业技术和管理能力弱,为了经营而经常参与挂靠、围标、阴阳合同等违规行为,不愿意为维护监理职业的声誉和尊严而承担责任。

如果说S_1型企业是一些尚能以提高监理质量,为业主提供更好地服务为宗旨、比较负责任的企业的话,S_2型企业则更多地关心暂时的利益而不考虑监理行业和监理行业的发展。这些企业进一步压低了监理服务的边际成本,并造成了监理市场的混乱和行业声誉的下降。通过下面的一个例子可以看到:

张先生今年35岁，已经从事监理工作多年，月收入达5000元以上。提起作监理的初衷，他说，他仅有初中文化，原来卖过菜，给别人打过工，每月的收入勉强能维持全家人的生活。三年前，经人（昔日也是卖菜的）介绍，参加了由交通部门组织的培训班，后被一家监理公司聘请，在一个工程中担任监理。刚开始时，因为业务不熟，整天忙得焦头烂额。通过向同行请教，掌握了许多窍门。每个监理员要对每道工序特别是对路基土石方、桥涵构造物、路面各结构层等关键要害部位进行全方位、全过程的控制和管理，工程中的每一道工序，都要由负责的监理人员签字，上道工序未签字，下道工序不能开始施工。承包商凭此才能在业主那儿领工程款，如果工程质量不合格监理人员不签字，那就意味着工程要返工。承包商摸透监理的脾气后，便会投其所好，慢慢地和监理成了朋友，以后他们会心照不宣、各有所图。每年的中秋、春节期间也是承包商最忙碌的时候，他们不但要上主管部门那里表示心意，对监理人员根据级别也有所表示。特别是春节放假时承包商派专车送监理工程师回家，以拜年为名，送给一个装有万元左右的红包，春节后又用专车接回工地。S_2型企业监理从业人员素质的下降，特别是行业操守的丧失，对行业发展造成了巨大的伤害。如果让"卖菜的"经过培训就可以成为监理工程师，监理服务的价格被业主压低到G点也就可以理解和解释了。

在监理市场上S型、S_1型、S_2型企业是同时存在的，对于不同的时间、地点和建设工程项目，均衡点C、E、F都可能出现。如何鼓励更多的S型企业得到发展，或者鼓励S_1型和S_2型企业向S型企业发展而不是相反，是政府和业内所有人士需要思考的问题。

五、几点启示

从上述分析，我们可以得到几点启示：

（1）强制性监理制度虽然通过扩大市场规模，促进了建设监理职业的快速发展；但也造成了市场淘汰机制的弱化，使建设监理职业专业化水平不能有效地提高，市场在低水平激烈竞争；

（2）监理服务可以划分为高端区、政府强制区和低端区。由于市场不能履行正常的功能，三个区域同时存在，影响了建设监理职业的地位和社会声誉。

（3）扩展监理服务的高端区域，提高监理工程师的专业水平和社会声誉，降低监理服务的交易成本，都需要一个措施，强制监理制度的改革也就势在必行。

附录3 深圳建设监理行业发展大事记

年 份	事 件
1985年	◇ 5月6日,深圳市政府借鉴香港工程管理经验,批准成立了8家工程地盘管理公司(深府复[1985]96号),并制定了《深圳市地盘管理办法》
1988年	◇ 7月25日,建设部印发了《关于开展建设监理工作的通知》(建建字[1988]第142号),批准深圳市作为八市二部建设监理的试点城市之一
1992年	◇ 10月31号,市物价局印发了《关于深圳市工程建设监理费收费标准的批复》(深物价[1992]22号),对市建设局关于监理酬金收取标准等相关事宜予以批复。 ◇ 12月1日,市建设局印发了《深圳市建设监理试行办法》(深建字[1992]138号),强制监理开始实行
1994年	◇ 11月1日,市建设局印发了《深圳市建设监理合同标准文本》(深建字[1994]173号)
1995年	◇ 4月18日,经市建设局批准成立"深圳市建设监理协会"(深建复[1995]135号)。11月15日,市建设局依据《深圳经济特区建设监理条例》,更改为"深圳市监理工程师协会"(深建复[1995]368号)。 ◇ 1995年9月18日,深圳市人民代表大会常务委员会颁布了《深圳经济特区建设监理条例》。条例经深圳市第二届人代表大会常务委员会第二次议会于1995年9月15日通过,1996年1月1日起施行
1996年	◇ 年初,深圳市监理工程师协会创办了《监理简报》;1997年10月改刊为《深圳监理》。 ◇ 市建设局出台了《<深圳经济特区建设监理条例>实施办法(试行)》,规定从1996年7月起开展监理工程师注册工作
1997年	◇ 1月6日,市建设局颁布了《关于试行<深圳经济特区建设监理条例>实施办法的通知》(深建管[1997]3号),总监理工程师负责制、监理招标投标制、合同备案制开始实行。 ◇ 年底,《深圳市监理合同示范文本》初稿完成。1998年初经市建设局批准在全市范围内推行。 ◇ 年底,《深圳市建设监理统一用表》颁布实施
2000年	◇ 7月,深圳市信息化建设委员办公室制订了《深圳市信息工程建设管理办法实施意见》,扩充了深圳监理行业所提供服务的行业范围。 ◇ 12月28日,市建设局印发了由局建筑业管理处、深圳大学建设监理研究所主编的《深圳市施工监理规程》,自2001年1月1日起执行。 ◇ 12月28日,深圳市物价局、市建设局印发了《深圳市工程建设监理费规定》(深价[2000]183号),自2001年1月15日起执行

续表

年 份	事 件
2001年	◇ 2月22日，市建设局在建设工程交易服务中心召开"建设工程监理招标投标新闻发布会"，会议主要目的是向社会各界发布即将于3月1日施行的《深圳市监理招标投标管理办法》，全面开展监理招标投标工作。 ◇ 9月28日，市建设局印发了《关于使用〈深圳市建设工程监理统一用表〉的通知》（深建管[2001]35号），自2001年11月1日起使用修编后的《统一用表》
2002年	◇ 7月17日，市建设局印发了《关于严格执行建设部〈工程监理企业资质管理规定〉、加强工程监理人员从业管理的通知》（深建科[2002]14号），决定自2003年1月1日起，停止使用《深圳市监理工程师执业证书》，统一使用国家监理工程师执业资格证书。 ◇ 8月23日，深圳市第三届人民代表大会常务委员会第十七次会议修订了《深圳经济特区建设工程监理条例》，自2002年11月1日起施行。 ◇ 11月1日，深圳市民政局批准深圳市监理工程师协会设立招标代理分会，为非法人分支机构（深民社分登字[2002]009号）
2007年	◇ 4月9日，市教育局批准成立"深圳市监理培训中心"（深教[2007]130号）；5月21日市教育局批准更名为"深圳市振兴监理培训中心"（深教[2007]199号），并颁发了"民办学校办学许可证"；6月20日，市民政局颁发"民办非企业单位等级批准通知书"。 ◇ 在6月至8月期间，市建设局先后印发了《关于调整建设工程监理招标投标办法的通知》、《关于进一步规范建设工程招标文件示范文本管理的通知》、《关于调整建设工程监理招标投标办法有关问题的补充通知》、《关于印发〈深圳市建设工程合同备案办法＞的通知》、《关于印发〈建设工程施工、监理资格后审招标投标规程（试行）〉的通知》等规范性文件，进一步规范了建设监理市场行为。 ◇ 7月7日至7月16日内地监理工程师与香港建筑测量师资格互认工作在深圳迎宾馆新园楼举行。 ◇ 9月4日，市建设局印发《深圳市建设工程监理招标文件（示范文本）》2007年10月试行版（深建字[2007]185号）。 ◇ 9月5日，深圳市建设监理行业自律委员会成立。 ◇ 9月11日，深圳市建设监理行业专家委员会成立。 ◇ 10月18日，深圳市政府投资工程预选承包商资格审查委员会公布了监理预选承包商名录（深预选委[2007]3号）。 ◇ 12月8日，中国建设监理协会与香港建筑测量师学会在北京举行内地监理工程师与香港建筑测量师资格互认颁证仪式
2008年	◇ 4月29日下午，深圳市监理工程师协会召开第四届二次会员代表大会，集体签署《深圳市建设监理行业自律公约》作为大会一项重要内容。 ◇ 5月14日，深圳市监理工程师协会转发了市民间组织管理局的《抗震救灾倡议书》，号召会员单位向5月12日发生8级地震的四川汶川灾区捐款。 ◇ 7月至8月，深圳市政府、市民政系统先后召开抗震救灾表彰大会，表彰了深圳市监理工程师协会、京圳建设监理公司、建明达建设监理有限公司及9名先进个人
2009年	◇ 9月29日，修编后的《深圳市建设工程施工监理规范》由深圳市住房和建设局印发，并自2009年11月1日起施行，深圳市政府公报于2009年第39期予以发布

附录4 深圳市监理企业变迁研究

20多年来，深圳市监理行业从小到大，监理水平由低到高，法规制度逐步健全，取得了显著的社会效益。然而，从当前的发展状况来看，深圳市监理行业在全国的地位是在不断下降的。作为曾经全国工程监理的试点城市，如今深圳市监理行业的发展在某些方面远远落在了部分城市的后面，已经没有任何领先可言。在这样的发展现状面前，深圳市的监理行业和所有的监理企业都在进行反思：深圳市监理行业的发展为什么会出现当前的状况？深圳市监理企业的发展究竟受到哪些因素的作用和影响？深圳市监理企业发展演化有无规律可循？深圳市监理企业进而深圳市监理行业应当怎样审视自身发展的制约因素？希望探求上述问题的答案正是本部分研究目的所在。

我们认为，企业是社会经济系统的一个子系统，是外部市场、技术和制度等环境综合作用的结果。企业不断和外界进行物质和信息的交换，并且通过这些交换实现自身的价值，维护自身的存在，努力扩大对环境的影响力；企业自身也是一个相对独立的体系，有自己的边界和结构。企业的构成要素可以浓缩为技术和制度两个方面，企业发展演变的根源是企业技术要素和制度要素之间的矛盾运动；企业是市场发展到一定阶段的产物，企业的发展与不同的经济发展阶段相适应，具有明显的时代特征。

一、企业变迁理论研究部分

（一）影响企业变迁的因素分析

西方研究企业发展演变的历史主要在于分析两个层面的矛盾运动：

一是企业与环境的矛盾运动，即企业与外部环境的相互作用；二是企业生产技术和制度安排的矛盾运动，即企业内部要素之间的相互适应关系。在这两对矛盾中，矛盾双方的关系是一个连续的、从不平衡——平衡——不平衡的过程，统一、平衡、适应是暂时的，对立、不适应、不和谐是长期的。第一对矛盾中，环境是决定性方面；第二对矛盾中，生产技术是决定性方面。第一对矛盾主要涉及企业发展演变的条件，条件的变化会促进或制约企业的发展。企业必须适应环境，企业适应环境需求的努力成为企业内部技术形态和制度形态变化的动力，同时企业的发展也会推动环境的变化和创新。这是因为企业本身即为环境的一部分,企业的变化也导致环境的变化;企业实力的增强和规模的扩大也提高了企业影响环境的能力。

企业的环境无外乎市场环境、制度环境和技术环境。市场的发展构成了企业发展演变的推动力,外部技术条件和制度的变化则影响到企业的可选择集。市场环境是过渡因素,市场环境的变化原因可以在技术或制度环境中发现。所以,第一个问题可以进一步简化为生产力和社会经济制度变化是如何将力量传递给企业,进而如何影响企业的。

第二个问题涉及企业发展演变的原因。企业内部要素在本研究中被简化为技术形态(各种技术、工艺、设施和方法的统称)和制度安排两个方面。在二者的关系上,本文认为技术对制度具有决定作用。企业演变的实质是企业如何降低内部交易成本以实现技术创新带来的生产性收益的过程。

因此,综合前人研究成果,我们可知企业发展变迁主要原因在于两个层面的矛盾运动,一是企业与环境的矛盾运动,即企业与外部环境的相互作用;二是企业生产技术和制度安排的矛盾运动。环境、技术、制度分别成为影响企业变迁的三个最主要的影响因素。

(二)企业变迁的动力机制研究

对于企业发展变迁的动力机制,古典经济学、新古典经济学、制度经济学和新制度经济学、演化经济学及马克思经济学都涉及过。综合各家观点,大体上认为企业演变的动力来源于两个矛盾的运动。

1. 环境与企业的相互作用

企业的环境包括市场环境、制度环境和技术环境。伊里亚·普里高津的耗散结构理论指出,系统是一种极不稳定的结构,但由于系统和环境之间的相互渗透,系统可不断从环境中吸收能量和物质,向环境放出熵,从而维持自身系统的稳定。从这一思想出发,企业的演变应该是企业和环境的互动过程。

企业演化理论主要有两大主导的观点,一是达尔文主义的演化观,强调环境对企业演变的选择作用,认为企业演变是连续的、渐进性过程,是"物竞天择、适者生存"的过程;二是拉马克主义的演化观,强调企业对环境的主动适应,强调"用进废退"和"获得性遗传",认为企业演变是企业的主动选择过程,是企业与环境间无休止的动态博弈;企业演变不是无方向和随机的,决定于企业自身资源和能力。

2. 企业生产技术与制度安排的相互作用

企业生产技术与制度安排的矛盾运动解释了企业演变的内在动力。经典作家们认为企业生产力和生产关系的矛盾运动过程,一方面企业演变是生产力发展的结果，是企业生产技术对制度安排的作用过程；另一方面，企业演变是企业生产关系对生产力的适应，是高效率制度对低效率制度的替代，实质是降低内部交易成本。

（三）企业变迁环境分析

企业变迁是内外部因素综合作用的结果，环境是企业存在和演变的前提条件，经济学家们对企业演变的生产力环境、制度环境和市场环境进行了大量的论述。

1. 生产力环境

大多数经济学家和经济史学家都认为技术变革是近代西方经济成长的主要原因。根据雅克·埃尔卢的定义，"技术是为了达到某些实际目的而对知识的组织与应用。它包括具有物质的表象的工具和机器，同时也还包括那些为解决问题和获取某种所期望的结果而使用的智力技巧和方法"❶。技术对企业的影响包括两个方面：一是通过决定经济增长对企业的间接作用，二是对企业的直接影响。众多理论家都能客观全面地评价经济增长中的各种影响因素，在强调技术进步的同时，也没有忽视其他如社会经济制度的作用。但他们有一个共同点，即都视技术进步为决定经济增长的根本因素。

2. 制度环境

企业是"制度化的企业"，生而即在既有的制度❷环境下。"政治的和社会的干预是人类社会活动中合法的、必需的和自主活动的部分。"❸

亚当·斯密和一大批自由经济学家都承认制度对经济增长的影响。但认为制度对经济有决定作用的还是制度决定论。制度决定论的主要代表是制度经济学和新制度经济学，他们认为，人生下来就带有"制度"的烙印，成人后更是具有"制度化的头脑"，人是"制度人"；各种组织，如家庭、企业、工会以及国家政府等，是不同的"制度人"的组合；各种组织之间，进而"制度人"之间的关系是契约关系，即围绕物的占有而形成一定的权利义务关系；契约关系的建立必然发生"交易费用"；由于交易的对象是"制度人"之间的权利义务，为了降低交易费用，润滑交易过程，就需要明确界定和维护产权；制度则是关于产权的各种规则体系。

---

❶ F. E. 卡斯特，J. E. 罗森茨韦克.《组织与管理》[M]. 北京：中国社会科学出版社. 1985 年，第 205 页。

❷ 在英文里有三个词 regime、rules and regulatuions、institutions，翻译成中文都是制度，但内涵差别很大。

其一是 Regime，一般指宏观层面的制度，如"社会主义"、"资本主义"制度；其二是 rules and regulatuions，往往指微观层面的规定、章程、规则、标准等，如企业的规章制度；其三是 institutions，则是指设置、机构、机制等，意义更为抽象、更为概念化一点。这里的制度指 institutions。

❸ [加] 罗伯特·阿尔布里坦等主编.《资本主义的发展阶段——繁荣、危机和全球化》. 北京：经济科学出版社，2003 年 11 月第一版，第 225 页。

我们认为，制度决定论在强调制度的决定性作用的同时，忽视了市场交易成本与企业组织成本均衡点变动的主导力量——技术进步的作用；强调企业交易功能的同时，忽视了企业的生产功能。虽然企业发展演变的直接原因看似在于交易成本的变化，但其根本原因是生产技术的不断进步。

3. 市场环境

市场是企业面临的最直接的环境。企业起源于市场之后，存在于市场之中。所以，研究企业演变必然回避不了对市场的认识。

古典经济学、马克思主义经济学认为，市场和企业是相辅相成、相互促进、同向发展的。而新制度经济学则认为，企业是市场的替代，市场的交易可以内化到企业，企业的中间产品也可以通过外购来解决。市场和企业是此消彼长的关系，类似零和博弈的两端。其实，关于企业和市场的关系，科斯和马克思的角度是不一样的。马克思是站在宏观角度来看的，把市场作为企业发展的外部条件，钱德勒在探讨美国企业发展的背景时也是这么看的。科斯则是从微观角度来看的，他透视的是单个企业与外部市场的关系，当企业减少向市场的采购或销售时，视为企业边界扩张，企业替代市场；反之则是市场替代企业。

（四）企业变迁内容的研究

1. 企业演变轨迹的研究

在主流的企业理论那里，企业是作为一种经济制度来研究的。他们把企业演变视为一个从均衡到不均衡，再到均衡的不断变化的历史过程；预期收益超过预期成本构成企业演变的现实条件之一。

新制度经济学认为，在稳定的制度体系中，各个利益主体都可以找到自身利益最大化的平衡点。如果资源或相对价格发生变化，导致一种制度安排出现了未加利用的潜在收益，就意味着这种制度安排没有达到帕累托最优，因而处于一种非均衡状态。当企业作出行动反应，对其效用或利益函数最大化作出更有利的契约安排时，企业演变就会发生。

企业生命周期理论认为，企业像生物有机体一样，也有一个从生到死、由盛转衰、经历不同阶段的过程。企业的这种成长过程和阶段，被称为企业生命周期。1972 年美国哈佛大学的葛瑞纳教授（L. E. Greiner）在《哈佛商业评论》上发表了"组织成长的演变和变革"一文，第一次提出了企业生命周期的概念，在这篇文章中他把企业生命周期划分为创业、聚合、规范化、成熟、再发展或衰退五个阶段。认为企业每阶段的组织结构、领导方式、管理体制和职工心态都有其特点。每一阶段最后都面临某种危机和管理问题，都要采用一定策略解决这些危机以达到成长的目的。

1983 年，美国的奎因（Robert E. Quinn）和卡梅隆（Kim Cameron）在《组

织的生命周期和效益标准》一文中，把组织的生命周期简化为四个阶段，分别为创业阶段、集合阶段、正规化阶段和精细阶段。

此后，西方管理学者们分别从不同的角度探讨如何延续企业生命，美国爱迪思研究所创始人伊查克·爱迪思博士（IchakAdizes, Ph. D.）于1989年提出了自己的企业生命周期理论❶，其核心是通过将"内耗能"转化为"外向能"，引发企业管理创新从企业内部到企业外部的扩散。1995年美国学者高哈特和凯利，又把企业生命周期形象地称为"企业蜕变"过程。

爱迪思把企业生命周期形象地比作人的成长与老化，根据企业内部的灵活性和可控性的关系，将企业的生命周期概括为三个阶段九个时期。即：成长阶段（包括孕育期、婴儿期、学步期）；再生和成熟阶段（包括青春期、盛年期、稳定期）；老化阶段（包括贵族期、官僚化早期、官僚期）。爱迪思认为企业在不同阶段有不同的问题和疾病，需要不同的治疗方法。他总结自己多年的管理咨询经验和体会，提出了一套有效的工具，旨在预防公司老化，永葆企业的青春、活力和健壮。

企业生命周期理论认为，企业的成长是一个由非正式到正式，由低级到高级、由简单到复杂，由幼稚到成熟，由应变能力差到应变能力强的发展过程。在不同阶段，企业都会有不同的特征，面临不同的问题。企业生命周期理论向我们揭示：企业具有各自的生命周期；随着生命周期的演进，企业的灵活性（flexibility）下降，而可控性（control）一直在升高。一旦官僚主义达到顶峰，企业如果不能通过再次创业增添活力，则会进入衰亡；企业生命周期的不同阶段，应当采取不同的管理方法，通过管理创新为自己增添新的活力。

2. 生产技术变迁的研究

从生产技术角度论述企业演变过程的集大成者是马克思主义。马克思从生产技术角度描述企业的发展演变，认为技术的发展和分工的深化会导致协作或企业规模的扩大和劳动生产率的同步提高。马克思把企业的起源与演变置于整个生产技术的发展变化的历史之中，运用生产力—生产关系的基本分析框架，把企业的演化和整个社会系统的演化有机结合，论述了"简单协作"、"工场手工业"和"机器大工业"的技术演变过程，并实证分析了从作坊到工场，再到工厂和股份公司的企业制度演变过程。

3. 关于制度安排的变迁

新制度经济学认为，企业演变是企业的制度变迁，包括产权制度、组织结构等内容的变化。

---

❶ [美] 伊查克·爱迪思著.《企业生命周期》. 北京：华夏出版社，2004.1. 第1版.

(1) 企业产权制度的演变

伯利和米恩斯认为，所有权和经营权的分离是企业发展到一定阶段产权制度演变的结果。在1932年的《现代公司与私有财产》一书中，他们首次分析了西方股份公司中所有权与经营权分离的事实。认为股份公司股权的高度分散化，所有权和经营权的分离，使大企业的管理权从所有者手中转向管理者手中。所有权与经营权的研究发展形成了委托代理理论。阿尔钦、德姆塞茨、詹森和麦克林从原先关注的剩余索取权问题转而专注于代理成本问题。詹森和麦克林1976年发表了《企业理论：经理行为、代理成本和所有权结构》一文，首次对委托代理问题进行了实证研究。后人将他们的观点进一步发挥，委托代理理论日臻成熟。

(2) 组织结构的演变

威廉姆森在钱德勒的基础上进一步考察和比较了U形结构、H形结构和M形结构。提出了最优层级理论，认为企业应该通过一个层级结构来组织生产和分工。他在《资本主义经济制度》一书中，指出铁路专用性导致了19世纪中后期铁路公司的并购浪潮，并解释了直线参谋制（U形）、控股型（H形）和事业部制（M形）等不同组织形式的变革，认为组织结构的选择则取决于层级管理的效率或成本大小。

我们认为，企业演变是企业技术推动的制度安排的变革，实质是在获取生产性收益的前提下尽可能降低交易成本。

企业类似一个生命有机体，在一定的环境下生存与发展，因此，其演变必然受到市场、制度和技术等各种环境变化的影响。企业制度本身是没有优劣之分的，制度的效率体现在对收益最大化的促进上，即实现成本最小化的程度。

所以，在一定的相对价格和交易条件下，企业制度安排必须实现两个匹配：一是制度安排与企业的生产技术相匹配，二是企业制度与外部环境相匹配。总体上，企业变迁呈现出与先进技术相适应的制度安排（即制度演变的目标模式）不断占据主导地位的过程。

二、深圳监理公司企业变迁案例研究

（一）京圳建设监理公司变迁研究

深圳京圳建设监理公司（简称"京圳公司"）原名为深圳京圳工程地盘管理公司，成立于1985年5月，是北京建工集团下属的全资国有企业，也是深圳最早成立的八家地盘管理公司之一。经过二十五年的发展，深圳京圳建设监理公司已从只有十几名员工的地盘管理公司成长为拥有200多名员工，并具有监理、招标代理和造价咨询资质的现代咨询企业。2009年公司总产值4300万元，人均产值超过20

万。其业务范围已从单纯的施工阶段监理拓展到项目管理全过程的各领域。

自京圳公司建立以来，公司年度新签合同和经营收入如附图4-1、附图4-2所示：

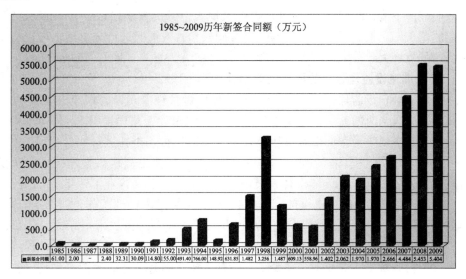

附图4-1 京圳公司1985～2009年新签合同变化图

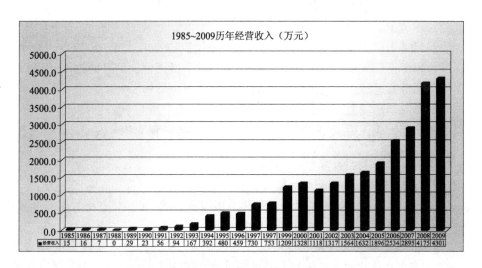

附图4-2 京圳公司1985～2009年年收入变化图

从图表中的整体趋势可以看出，京圳公司的发展曾经历过比较大的波折的，1985～1992年之间，京圳公司的发展基本处于维持状态，年营业收入均在100万元以下；1993年强制性监理制度实行后，公司的运营开始出现起色，1993年的营业收入比1992年增长了77%并首次突破100万元；1997年后的几年里，公司开始出现了跨越式增长的局面，营业收入快速增长并于1999年突破1000万元大关，达到1200万元，但在经历了短短几年的辉煌之后，企业经营情况却出现了比较明显的下滑；2002年后公司开始进入稳步上升的发展阶段，并一直保持着稳定的增长率。根据对京圳公司的新签合同额和收入情况进行分析后，可以将京圳公司的发展大致分为以下5个阶段：

1. 京圳建设监理公司的早期创业期（1985~1992年）

深圳京圳建设监理公司原名为京圳工程地盘管理公司，公司成立初期的15名员工均来自当时的北京市建筑工程总公司（北京建工集团前身），公司承接的第一批项目主要是受深圳市城市建设开发（集团）公司委托进行地盘管理工作。

1987年开始，受国家宏观经济调控的影响，京圳工程地盘管理公司管理的所有项目先后下马，1988年全体人员被迫撤回北京，公司停业了一年。

1988年7月25日，建设部印发了《关于开展建设监理工作的通知》（建字[1988]第142号），批准深圳市作为八市二部建设监理的试点城市之一。1989年，随着监理制度在深圳试点，京圳地盘管理公司再次回到深圳，这一阶段深圳的港资项目非常多，港商本身缺少工程管理人员，同时在香港他们本身就已经有了委托地盘管理的习惯，加上当时深圳市的建设行政主管部门也在推行监理试点工作，因此这一时期公司承接的任务大量属于这一类型的项目，同时也包括一些内资企业因缺少工程管理人员而委托的项目。

1992年8月，公司正式更名为深圳京圳建设监理公司。这一阶段公司处于初创阶段，由于还未形成一定的经营规模，创业者亲自经营，信息沟通和决策以非常个人化的方式进行，没有形成正式的、稳定的组织结构，加上人员都是北京方面派来的，流动性较大，因此，公司的经营基本属于维持状态，1985~1992年公司的平均年收入仅为30多万元，企业人数也平均只有十几个人。

这一阶段的京圳公司具有下列特征：

（1）生产技术：公司成立初期对于地盘管理的概念没有"前车之鉴"，属于摸索阶段，基本是依靠公司员工个人在施工技术方面的经验对工程项目进行管理，类似业主为施工单位聘请的现场工程管理人员。

（2）经营管理：最早期公司的业务来源主要是受深圳市城市建设开发（集团）公司委托进行地盘管理工作，1989年监理在深圳试点后，以对港资项目进行施工阶段的地盘管理工作为主。

（3）组织管理：在企业管理上处于感性摸索的阶段，最高领导者实行集权管理，负责所有事项的决策。企业员工没有实行本地化，流动性较大。企业的管理制度基本是按照上级主管单位的制度执行，还没有建立与企业自身相匹配的管理制度。

(4) 市场环境：这个时期正是对特区是办好了还是办坏了这个问题争议最大的时期，同时基建工程兵也正式被推进市场。虽然从1989年起监理制度在深圳进行试点，但市场对监理的认识还并不高，京圳作为早期成立的为数不多的地盘管理公司之一，受当时狭小的市场生存空间的挤压，举步维艰。

应该说，在高速发展的深圳建筑市场中，京圳监理公司在早期的创业中抓住了机遇，对于地盘管理的模式进行了有效的摸索和尝试，为今后的快速发展奠定了基础。但由于这一阶段企业还没有形成适合自身特点的管理模式，经营上尚未形成一定的规模，因此还缺乏市场的竞争力。

2. 京圳建设监理公司的成型期（1993～1995年）

1993年监理制度在深圳结束试点，开始进入区域推行阶段，随后很快就进入到全面强制推行阶段。1992年邓小平南巡讲话发表后，也为特区深圳带来了新的发展活力，京圳公司此时也已获得国家首批甲级监理资质，迎来了新的发展机遇。

1993年起原来北京派来的员工绝大多数陆续返京，京圳公司开始在深圳本地招聘员工，对国有企业的原有用人制度进行了大胆改革，由于实现了人员本地化，员工开始稳定下来。同时，京圳公司提出了"守法、诚信、公正、科学"的工作准则，另一方面，为了使公司的监理服务水平能够进一步提高，京圳监理公司开始总结过去的地盘管理经验，1993年公司出台了《京圳监理公司施工监理条例》，这个条例就是后来公司监理规划和细则的雏形，另外京圳监理公司还推出了企业自己的监理用表。

这一阶段公司的经营规模也出现了快速膨胀，1993～1995年公司的平均年收入增加到350万元，企业人数也增加到60人。

这一阶段的京圳公司具有下列特征：
(1) 生产技术：公司已经开始拥有了比较完整的施工阶段监理的管理体系。
(2) 经营管理：公司开始提出"用高效率、高质量，当好建设单位的参谋和挚友"的企业宗旨和"守法、诚信、公正、科学"的工作准则，在赢得市场方面还是以自我宣传为主。
(3) 组织管理：公司对国有企业用人制度进行了改革，采用招聘制，解决了人员频繁流动的问题；对员工的工资标准的确定，也开始有了企业自主权。但公司的内部职能分工不明细，组织结构简单，组织的正规化、规范化程度较低；缺乏激励机制；缺乏良好的企业管理制度。
(4) 市场环境：深圳在"南巡讲话"后经济高速发展，监理制度的全面推行也给监理行业的大发展带来了机遇，京圳作为早期成立的地盘管理公司之一，在这样的市场环境下具有较大的先天优势。

这一阶段可以视为京圳公司的成型阶段，此时的京圳公司开始逐步摆脱了上级主管单位的管理模式的束缚，真正按照咨询服务业的特点建立自己独立的管理模式，具备了明确的经营理念和服务宗旨，开始有了构建自己的核心技术的意识。但这一阶段京圳公司依然存在"重技术、轻管理"的传统管理思路，在企业的组织结构建立健全方面进展迟缓。

3. 京圳建设监理公司的转型期（1996~2001年）

1996年，京圳公司有幸参与了深圳市五洲宾馆的建设，实现了从单纯的施工监理向项目管理的飞跃。五洲宾馆是京圳建设监理公司首次从建设工程项目的设计阶段开始进行全过程、全方位的监理。由于工期紧，五洲宾馆项目采用边设计、边施工的作业方式，工程从设计到竣工一共花费14个月的时间。京圳公司从工程策划、概算、计划、设计、招标采购、施工安装、竣工、结算、保修等进行了全过程、全方位监理工作，全面实现了所有质量、进度、投资、安全等控制目标，为保证五洲宾馆项目的顺利竣工发挥了不可替代的作用。

对该工程实施全过程、全方位监理的成功标志着京圳公司向项目管理迈出了关键的一步。通过这个工程，京圳不仅积累了名气，而且培养了一批能进行全过程、全方位的项目管理人才，为京圳公司建立自己的核心竞争力奠定了基础。1998年年底，京圳公司又以2500万元的高价承接了深圳市的标志性建筑市民中心，同样从设计阶段开始对该项目进行全过程监理，并且还承担了该工程的全过程投资控制，该项目的顺利完成使得京圳公司成为深圳监理行业中的品牌企业，从而也实现了一次企业成长的飞跃。

这一阶段京圳公司具有下列特征：

（1）生产技术：从监理五洲宾馆开始，公司逐步积累了进行全过程、全方位的项目管理的经验，加上市民中心等超大型公共建筑的监理服务，公司开始建立起了自己的核心技术。

（2）经营管理：公司的经营方向开始转向大型项目，提出了"科学、规范、缜密、诚信"的服务宗旨，并且开始强烈抵制"低价"项目，但没有将自己的核心技术及时转化为企业的经营特色。

（3）组织管理：公司的内部管理制度日臻完善，并通过了ISO质量体系认证，公司的部门设置和分工逐渐清晰，为适应全过程、全方位监理服务的要求，公司专门成立了造价部，为公司的转型做好了铺垫。

（4）市场环境：1995年深圳市建设行政主管部门通过对建设监理市场的整顿，同时推出了《深圳经济特区建设监理条例》。各监理企业开始重视企业的内部管理和技术素质的提高，并逐步开始引进一些专业性人才，形成技术团队，并加强了与设计单位、研究所的联系，让他们帮助解决一些技术难题。市场竞争日益激烈。

这一阶段，京圳公司抓住机遇，独立完成了五洲宾馆、市民中心等一批大型公共建筑的全过程监理服务，在设计管理、全过程投资控制以及招投标管理方面积累了大量的管理经验，逐渐形成了自己的核心竞争力，在深圳的众多监理企业中脱颖而出。此阶段京圳实际是凭借着自己全面的项目管理能力在监理行业中占据领先地位，也开始具备了优质优价的运营意识，但不足的是，企业缺乏战略发展目标，没有重视自身核心竞争力的营销，对企业文化的建设还只停留在一些形式上，加上集权制的企业模式已慢慢不能适应新的时代要求，京圳建设监理公司很快在经历了几年的短暂辉煌后，2000年和2001年的业务量骤减，企业的流动资金紧缺，人员开始流失，企业陷入危机之中。

4. 京圳建设监理公司的现代企业管理开始期（2002~2004年）

2002年，京圳公司的领导班子进行了调整，新领导通过广泛的市场调研后提出以下观点：一是监理行业既然是服务业，服务业必须根据市场需求定位，区分不同的服务档次和服务对象，不可能什么人都服务到，服务的品质决定服务的价格。二是作为服务业的监理行业，顾客的满意度应该是衡量监理服务质量的最根本指标，而服务业的品牌就是顾客的口碑，所以，只有让每一个顾客都满意，顾客就自然成为企业最有效的宣传者。三是作为咨询业又是一个特殊的服务业，监理企业必须体现出自己的咨询性来，要学会引导顾客进行消费。

公司领导还认为，监理行业未来的发展不可能依靠国家政策的保护，只能靠自身的能力才能赢得市场和客户。因此，公司决定开始走完全市场化的道路，开始致力于构建企业核心竞争力，开始创立企业的品牌战略。在企业经营中主动放弃了一部分市场，坚定地选择了走专业化的路线，通过认真分析了公司自身的优势，将公司的发展方向确定为承接项目以大型公共建筑为主、民用住宅为辅；服务对象以选择全过程服务的顾客为主、单纯选择施工监理的顾客为辅。对内进一步强化公司的设计监理、全过程投资控制管理以及招投标管理的专业性服务，使公司逐步向项目管理公司的方向发展，同时，开始重视树立品牌意识，提出努力让每个客户都满意的目标，希望依靠顾客的口碑宣传赢得新的市场。

在这一阶段，京圳公司进行改革的其他内容还包括：

● 注重对员工进行企业发展理念的培训

除了强调品牌意识、走专业化、市场化的路线外，公司领导开始注重企业发展理念的普及和培训，希望公司的每一个员工对公司的战略目标能有一个正确的理解和认识，并主动地在自己的工作中实践公司的战略目标。

● 建立员工的激励和考核制度

当公司充分认识到顾客的重要性后，开始以顾客满意度为员工主要的考核标准，力图使每个顾客都能达到百分之百的满意度。企业鼓励员工凭借自身及项目部的优质服务质量拿合约外的奖励,并规定合约外的奖励无论数额多寡均归项目部所有。在这一激励机制下,企业员工和项目部工作积极性及服务质量均得到大幅提升,很多项目部都可以拿到业主提供的合约外的奖励。

> 这一阶段京圳公司具有下列特征:
> (1) 生产技术:公司通过强化设计监理、全过程投资控制以及招投标管理的专业化服务,并将这些专业化服务与施工阶段的监理有机结合,形成了公司独特的核心技术,具备了有别于其他监理企业的明显特征。
> (2) 市场战略:企业已经有了明确的发展战略和市场定位,开始理性地选择适合自己的客户群体,开始主动利用自身的核心技术作为营销策略,着意于企业品牌的打造。承接项目以大型公共建筑为主、民用住宅为辅;服务对象以选择全过程服务的顾客为主、单纯选择施工监理的顾客为辅。
> (3) 组织管理:建立了矩阵式的内部管理机构,强调专业化管理,在技术方面形成互补。公司总经理、副总经理负责协调公司各部门、总监,克服了矩阵式管理效率低、浪费资源多的缺点。功能分化和层级管理得到发展,组织结构逐步完善,企业的灵活性和可控性达到平衡,兼有纪律和创新。但对于员工的培养缺乏系统性,还停留在自学和员工间的相互学习上,项目服务的标准化还欠缺。
> (4) 绩效考核:企业开始制定明确的绩效考核标准,以顾客满意度为员工主要的考核内容,力图使每个顾客都能达到百分之百的满意度,鼓励员工拿合约外的奖励。
> (5) 市场环境:随着深圳监理市场的进一步规范,监理招投标制度开始全面推行,由于深圳监理市场的结构不合理,基本上所有企业处于一个相同的竞争平台上,没有层次之分。但由于京圳建设监理公司对企业自身有了清楚的定位,在市场竞争中的优势开始显现出来。

这一阶段,京圳公司对企业自身的发展和行业的发展形成了理性的思考,通过对市场的重新定位和企业内部的改革,为企业的长期发展奠定了坚实的基础,及时化解了企业的一次发展危机。

5. 京圳建设监理公司现代企业管理成熟期(2005年至今)

2004年后,深圳市监理招标开始采用抽签定标方法。在这种单靠运气而获得业务的情况持续了三年半,京圳公司2004年的业务受到一定影响。但公司领导层马上调整了思路,及时地放弃了政府投资项目这一炙手可热而又极具偶然性的市场,全面转向企业投资的项目,并开始把目光投向深圳以外的其他地区和不用招标的小项目,通过采用小项目组的服务模式,京圳公司在这个无人问津的领域取得了非常好的经济效益。同时,由于公司在设计监理、招投标管理和全过程投资控制方面也已经形成了相当的实力和规模，成为公司新的利润增长点。通过这些举措使公司顺利地规避了不利政策给企业发展带来的风险，继续保持着稳步、快速的发展势头。

2005年，在京圳公司成立20周年之际，通过专题片《起飞》向全社会全面推出了"做最好的服务，做最高的价格"、"让每一位顾客成为我们的经营部长"的经营理念和服务理念。为了坚持自己的品牌战略，京圳公司坚持没有资源绝不接项目，有做不好的风险情愿放弃。而京圳公司正是因为对自身这一系列的严格要求，凭着这种勇于"放弃"的胆识，京圳公司发展了一批有着同样企业理念的长期客户，并和这些客户形成了长期的合作伙伴关系，在业界也获得了良好的口碑，公司目前承接的项目几乎都是通过老顾客介绍来的。

2005年，公司领导正式提出京圳企业文化的概念，并一直坚持通过不断的培训和强化，让企业文化的内涵深入人心，公司领导认为只有接受企业文化并有一技之长的人才是企业真正的人才，企业的真正特色就是具有异质性的企业文化，而对企业文化的不断宣传和贯彻，就是对企业特色不断打造。

为了向高端专业的咨询公司方向发展，京圳建设监理公司努力将自己打造成为学习型企业，着力培养各个行业的专家，不断创新，不断尝试新的咨询模式。随着京圳的品牌效应的影响，企业规模扩大了，公司人员增多了。此时，公司领导开始更加重视人才的积累与培养，公司每年都要组织各种形式、各种层次的内部培训，鼓励员工间的专业交流，对新员工通过答辩等方式进行多对一的培训，将员工参加培训的情况列入员工的考核制度中，能者授职、功者受禄。

为了让员工有归属感，京圳建设监理公司提出了"家文化"的理念，通过建立多种有效的内部沟通平台、设立解危济困基金、为在企业工作满十年的员工发放金牌、解决员工工作调动、户口迁入、子女就学、家属就业等实际问题、开展健康有益的文体活动、旅游、拓展、带薪假期、保持公司传统聚会方式、每年对员工进行健康检查和不定期的心理辅导等活动，增强了企业的凝聚力和员工的归属感。目前京圳建设监理公司企业工龄在十年以上的员工占企业总人数的21.4%，企业工龄五年以上的员工占企业总人数的46.6%。

为了保证监理服务品质的一致性，京圳公司在矩阵式管理模式的基础上更加强调了公司职能部门对项目的管理和支持，公司职能部门与项目部的资源进行对应的互补，只要是公司管理的项目，不论总监的能力强弱，服务的效果都能基本保持在同一水平上。另外京圳公司还建立了背对背的顾客回访制度、第三渠道查询投诉系统对员工的工作起到较好的监督作用。

进入成熟期的京圳建设监理公司具有下列特征：

（1）生产技术：以设计监理、全过程投资控制和全过程招投标管理为特色的专业服务越来越精细，同时不断尝试各种新的咨询管理模式，更加注重自身核心技术的发展和提高。

（2）市场战略：企业有了明确的战略导向，品牌战略得到进一步的提升，坚持将自身打造成能提供高端咨询服务的项目管理公司。

（3）经营管理：公司基本上依靠顾客的口口相传为企业做营销，并且拥有了一批较为固定的客户群体，服务价格明显高于同行业，开始从"买方市场"开始走向"卖方市场"。

（4）组织管理：公司的项目管理水平日益提高，矩阵式的内部管理模式更加精细。公司开始重视服务的标准化，并建立了有效的员工培训和考核机制。为进一步规范管理，引入了外部监督系统。

（5）绩效考核：企业对员工的绩效考核更加强调适用性，并改单向考核为双向考核，增加了项目人员对总监（或项目经理）的考评，以及背对背的顾客满意度调查，这些措施使考核的结果更加全面、真实。

（6）企业文化：公司将企业文化的建设视为企业核心竞争力的建设，通过不断的培训、解析和言传身教，得到了员工的认同和响应，已形成了非常明显的企业文化特色。

（7）市场环境：随着深圳监理市场的开放，进入深圳监理市场的企业越来越多，但由于京圳建设监理公司对企业自身的清楚定位，以及不断创新的核心竞争力，京圳建设监理公司成为深圳监理市场中的佼佼者。

由京圳建设监理公司发展的5个阶段可知，监理企业的发展过程中精准的市场定位、企业管理制度的完善、企业核心技术的建立和企业文化的建设对公司的发展及核心竞争力形成的影响是不容忽视的。

（二）宝安建设工程监理公司变迁研究

1993年，深圳市宝安区建设局为推行国家制定的监理制度，从局里的不同部门抽调出5个主要领导人，经宝安区政府批准成立了宝安建设工程监理公司（以下称"宝安公司"）。早期主要进行建设工程的监理。公司经过十几年的发展，由开始只有5人的小公司逐渐发展为拥有220名员工的大企业。企业的员工数量变化可见附图4-3。

企业从1993年到1998年人数得到较快增长，在短短5年内就增长到了一百多人。在1998到2005期间，人数增长较平稳，基本上都维持在110人左右的数量上。2005年后，公司扩大规模，加大投入，人员数量快速增长，到2008年，公司的员工数超过200人。

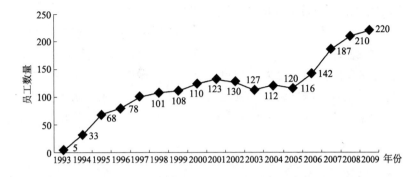

附图 4-3　宝安公司 1993~2009 年员工数量变化图

在人员规模增长的同时，公司的年合同额也在变化。这里我们选用年合同额同比增长率表示合同额的变化。年合同额同比增长率是指今年合同额与去年同期相比较的增长率，能够反映每年合同额的变化趋势。宝安建设工程监理公司的年合同额同比增长率变化如附图 4-4 所示。

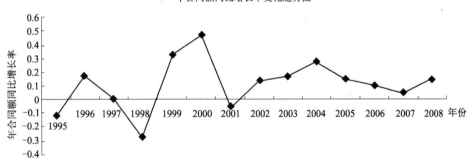

附图 4-4　宝安公司 1995~2008 年合同额增长率

从公司的年合同额同比增长率可以看出，宝安公司在成立的初期（1995~1998 年）合同额变化不稳定，起伏较大，人员数量增长快，公司发展走势还不明显；1998~2000 年，公司经历了快速增长的繁荣时期，人员数量较稳定，合同额每年都以高额的增长率增长，人均产值随着合同额的增长而增长；2001 年后，公司的合同额平稳增长，并于 2004 年后出现增长率小幅下降的平稳增长。虽然公司在 2005 年扩大规模，人员数量急速上升，但是合同额的增长率反而有所回落，人均产值没有得到较大提高，企业已进入较为稳定的成熟期。

根据宝安公司员工数量的变化、年合同额增长变化以及公司关键事件的变化点，可将宝安建设工程监理公司的发展大致分为以下 3 个阶段：

1. 宝安建设工程监理公司的初创期（1993~1998年）

宝安建设工程监理公司成立于1993年，早期主要进行建设工程的监理工作。当时的宝安建设监理公司是政府的一个下属单位，承接的工程项目主要来自政府。公司在这一期间参与多个大厦的建设监理，慢慢扩大了公司规模。1994年，公司主动联系刚刚入驻深圳的富士康集团，获得龙华富士康厂房的监理业务，从施工准备期开始为业主提供全方位服务，获得了业主的信任，公司与富士康集团的合作一直持续至今。

> 这一阶段的宝安公司具有下列特征：
> (1) 产权制度：事业单位。
> (2) 生产技术：公司成立初期以建设工程的监理为主。
> (3) 企业治理：由于企业创立初期员工数量少，最高领导者负责所有主要决策，主观直觉的成分在决策中占有重要地位。
> (4) 企业经营：由于当时的宝安公司依附于政府，监理业务的获取大多取决于行政上的隶属关系，而非监理企业自身的业务水平和市场开拓能力。公司的业务范围局限于宝安地区。但企业初步形成市场意识，主动联系潜在客户。
> (5) 组织管理：企业当时人数少，企业很少进行职能分工，组织结构简单、灵活而松散。组织正规化、规范化程度较低，缺乏激励机制，企业发展无动力。企业缺乏良好的管理制度，还没有形成较为完善的企业文化。
> (6) 市场环境：深圳市从1985年开始建立起以工业为主的外向型经济，在经济高速发展的同时，深圳的建筑市场也日益繁荣。从1989年监理在深圳进行试点后，市场对监理企业的需求越来越大，企业初期所处的市场环境良好。

这一阶段可以视为宝安公司的初期创业阶段，创业者亲自经营，还没有形成正式的、稳定的组织结构，信息沟通和决策以非常个人化的方式进行。因为公司处于欣欣向荣、高速发展的深圳建筑市场中，并隶属于政府，容易获得政府项目，在这样的发展环境和背景下，宝安公司在早期的创业中抓住了市场机遇，形成了一定规模。但此阶段宝安公司的业务仅仅处在单纯的施工监理阶段，业务范围还具有地域化的特点，监理业务仅限于宝安区。并且还未形成较为系统的内部管理机制，与其他监理企业相比无差异，因此较难在建筑市场中取得大、中型的监理业务，大多数业务的获得都依赖于政府。

2. 宝安建设工程监理公司的成长期（1998~2005年）

1997年，宝安公司获得了招投标乙级资质，实现了从单纯的施工监理到业务多样化发展的阶段。1999年，宝安公司承接到政府的项目——海上田园风光旅游景区。海上田园风光旅游景区是深圳市政府投资的市重点工程，占地面积

2.4km²。工程涉及软基处理、市政管网、房屋建筑、园林景观灯等内容。宝安公司担任此项目建设可行性研究、设计、招投标及施工阶段的全过程监理,组织设计方案评审、技术方案论证、专家咨询论证和各级协调工作会。并对施工单位又"监"又"帮",使施工方适应与配合监理工作,顺利在计划工期内完成项目。公司在海上田园风光景区的建设中发挥的核心作用,不仅获得了业主的好评,也为公司积累了工程经验和名气。该工程的成功建设标志着宝安公司从单纯的施工监理迈出了关键的一步。

在这次工程中,宝安公司不仅在这次建设过程中积累了名气,而且培养了一批能进行全过程、全方位的项目管理人才,这些使得宝安建设监理公司有能力建立起自己的核心竞争力,从而实现了一次企业成长的飞跃。

> 这一阶段宝安公司具有下列特征:
> (1) 产权制度:1997 年,企业改制后成为事业单位企业化管理的企业。
> (2) 生产技术:建设了海上田园风光景区后,公司积累了大型工程项目全过程监理的经验,并能对项目进行全过程、全方位的项目管理,开始建立起了自己的核心技术。
> (3) 企业治理:企业逐步建立起各项规章制度,并逐步完善配套措施,公司通过 ISO9001:2000 认证,各项管理工作逐步走向规范化、标准化、程序化。
> (4) 企业经营:企业于 1997 年进行了改制,与政府脱钩隶属关系,企业面临市场化的挑战。由于企业的信誉良好,以及与老客户的合作伙伴关系,企业的业务量在这一期间不断增长,企业规模也不断扩大。
> (5) 组织管理:逐步向层次化、标准化管理模式迈进,加强和规范各部门的管理作用,明确各部门的职责和分工,形成了具有自身特色的管理机制和激励机制。
> (6) 市场环境:1995 年,深圳监理市场整顿,净化了深圳监理市场。各单位开始重视企业的内部建设,重视管理和技术的发展,各单位开始大量引进专业性人才,组成高素质的技术团队,并加强了与设计单位、研究所的联系,让他们帮助解决一些技术难题。市场竞争日益激烈。

随着深圳农村城市化进程的加快和监理评标改用抽签方式的变革,无报建工程锐减,宝安公司通过投标获取工程的几率大为降低,公司的业务受到很大影响。为此,公司除了成立专门的投标小组,提高投标的竞争力外,还及时调整经营战略,由较单一的房建工程监理向公共市政工程、招标代理、工程造价咨询、桥梁工程监理等多元化模式转型;由政府投资项目向外资项目、民营企业项目倾斜;由市内经营扩展到省外经营。公司开始实行"走出去"计划,在安徽马鞍山成立了第一家分公司。先后派总工程师和监理部长前往分公司检查工作,指导分公司建立完善的规章制度,为分公司提供技术支持,并积极协助分公司进行投标工作。

在这个时期,公司开始强化项目的标准化、规范化、程序化管理。在这个阶段,公司修改、完善了公司行政管理制度,同时开始注重项目的质量和安全监理。增加了监理部例行巡视、总工办重点巡视次数,加强对监理项目组的巡查、督促工作。举办专题培训讲座,下发安全生产文件汇编,还组织了安全生产大检查,将监理人员的安全工作作为考核指标。深化"样板工地"标准化、规范化、程序化管理,不断探索和及时总结管理经验。现场监理组的工作质量有了较大的提高,在资料管理、监理组办公室建设、工程项目的质量和安全管理方面均有明显进步。

公司充分认识创新的重要性和必要性,开始要求员工做到意识创新;其次要做到服务创新,提高服务意识;再次是管理模式的创新。与此同时,公司也认识到了品牌的重要性,强调品牌的创新,以人为本,积极做好公司人员的培训学习,提高人员的业务水平和管理水平,打造名牌总监和名牌监理工程,树立公司的品牌。公司总工办根据ISO9001质量体系要求和公司十年多来的工作经验,编写了简明、扼要、可操作性强的业务指导书——《监理工作指南》,人手一册,给监理人员特别是新聘人员提供业务指导。并逐步建立企业文化,大力开展文体娱乐活动,丰富职工业余文化生活。关心职工生活,做好后勤保障。

宝安公司在这一成长阶段中善于把握机遇,业务量大幅度提高,人员数量趋于稳定,完成了海上田园风光景区等大型项目,积累了全过程监理的经验,并逐步形成了较为规范化的内部管理体系和企业文化,具有一定的品牌知名度,为企业的发展奠定了坚实的基础。

3. 宝安建设工程监理公司的成熟期(2006年至今)

2006年,宝安公司的领导换届,新领导对企业进行重新定位,实行创新性发展战略。不再局限于深圳市场,大胆尝试"走出去"。在中山、成都、郑州等地设立了分公司,为企业的进一步发展壮大开辟了新途径。

为了能为外地业主提供优质服务,公司除了派总监和工程技术人员去分公司外,公司总工办经常去项目巡查、提供技术指导和服务,受到了客户的好评。

这一阶段宝安建设监理公司具有下列特征：

（1）产权制度：国有企业。企业规模扩大，形成了系列主营业务，追求规模和范围经济。

（2）生产技术：公司的项目管理水平日益提高，并具备了设计监理的能力，希望进一步发展设计监理业务。

（3）企业治理：各项规章制度得到不断完善，各项管理工作适时跟进，动态化管理，强调管理的创新。

（4）销售：大多数施行市场化。由于公司信誉好，客户资源丰富，宝安建设监理公司除了市场上公开的招投标外还利用现有客户资源扩展业务，业务发展良好。

（5）组织管理：直线式内部管理，总工办为项目部提供技术支持。功能分化和层级管理得到发展，组织结构逐步完善，企业的灵活性和可控性达到平衡，兼纪律性和创新性。

（6）市场战略：企业有了明确的战略导向，新的业务在组织中萌生，为企业提供了获得新的生命周期的机会。宝安监理公司的市场定位主要为房屋建设项目的监理为主，并开始发展自身的核心竞争力，开始走向外地市场。

（7）市场环境：随着深圳监理市场的开放，进入深圳监理市场的企业越来越多，但由于宝安建设监理公司对企业自身的清楚定位，以及老企业的信誉和管理的规范化，宝安建设监理公司成为深圳监理市场中的佼佼者。

2006年后，由于建筑市场整治，村、镇级的自主项目大幅度萎缩，公司的既有市场大幅缩水。并且随着深圳监理市场中企业数量多，取费低、挂靠多、周期长、成本高等问题的出现，宝安公司规范化的管理成本高，在投标项目中没有优势。在这样的情况下，公司领导及时调整经营战略，加快经营转型。

宝安监理工程监理公司对重点工程实施监控，保证现场管理到位。将重点工程管理工作抓精、抓细、抓牢，与老客户维持良好的合作关系。公司监理项目组在招商地产花园城的监理业务中表现出色，得到了业主的信任，不仅使公司声誉大增，为公司扩展南山监理市场创造了有利条件，同时也积累了监理大型房地产项目的宝贵经验，提高了公司的技术管理水平。

除了加强跟踪重要老客户，做好大项目的跟踪、服务工作外，公司还将经营重点转向各局、委、办主管的政府工程及外资企业、大型房地产开发商、各街道办等，积极开拓市场，开发新的经济增长点。并拓展市外项目，开展工程鉴定业务，逐渐开展设计业务，以提高公司的技术平台。

同时，公司在这一阶段还根据自身特点，逐步完善自身管理体制，加大力度完善各项管理工作制度，建立规范化、层次化的管理结构。由总工办、监理部、片区再到总监负责监理组，责任分明。总工办负责技术支持、日常工作的巡查、指导，并负责修订和完善相应制度，负责工地的安全大检查及总结，以及员工的培训。监理部则以普遍巡查和重点监管相结合，发挥组织管理的作用，指导总监工作。公司选用有能力、善沟通、人品可靠的员工担当片区负责人，负责片区内工地的管理。总监则负责项目组内部管理和内外协调，控制在监工程。

此阶段的宝安公司已进入成熟期，在追求经济利润的同时也更关注社会效益。努力打造自身品牌，积极开展品牌建设和企业文化建设。公司实施品牌发展战略，推行金牌总监制度。以金牌总监为标杆，以点带面，激励总监们提高品牌意识，创新工作，优化管理，全面提高公司的整体管理水平。

与此同时，宝安公司还注重人才的培养，优化完善了人才培养的培训机制、激励机制和考核机制。公司注重员工的个人发展，实行人性化管理，让员工和公司共同发展。为员工提供各种培训学习机会，鼓励和支持员工报考各种和岗位相应的职业资质证书，确保各业务岗位员工持证上岗。积极开展片区内交流，片区间互动，各项目部之间互查互纠、取长补短。组织互动指导工作，通过组织现场参观学习，培养全体员工监理工作的基本技能，提高协调能力及综合素质，倡导团队精神。公司还建立了较为完整的人才激励和考核机制。推出以监理工作成绩带动经营利润的奖励机制。通过奖励机制提高管理工作水平，提高经营意识，提高监理工程师的岗位经营意识，最大限度地调动全员职工参与经营的积极性、主动性。

随着国际国内经济走势，企业所面临的压力日益增大。对于监理行业而言，预计明后两年将面临市场不断缩水，项目不断缩减的局面，同时，政府项目的市场竞争更为激烈，宝安公司势必面临一场异常激烈的市场竞争，需积极寻求应对措施。对于未来的发展，公司依旧强调开拓与创新发展；将未来的公司定位于集监理、招标代理、造价咨询、项目管理的专业咨询机构。

由宝安公司发展的三个阶段可知，在不断做工程项目监理的积累中，宝安在工程项目质量控制、进度控制、安全监理及组织协调等方面积累了丰富的管理经验，形成了宝安独特的工作程序和规范化管理手段，特别是公司在培养人才方面的专业优势，成为公司提供高端监理服务的核心竞争力。而在公司不断发展变迁的过程中，市场、技术和制度对公司的发展及核心竞争力形成的影响是不可忽略的。

三、深圳市建设监理公司变迁机理分析

根据前文研究我们已经知道，企业的变迁是内外部因素综合作用的结果，根据前文分析，结合监理行业自身特点，我们在这里将影响监理企业变迁的内外部主导因素分为市场、技术和制度。从这3个主导因素对于建立企业发展产生的影响分析深圳市监理企业的变迁。

监理企业变迁主要影响因素及二级因子分析 附表4-1

主导因素	二级因子
市场	1. 国家、地区发展的大环境
	2. 监理行业几种主要规章制度的颁布
	3. 市场的完善程度（市场结构）
技术	1. 企业自身核心技术的变迁
	2. 监理行业同期主导业务范围的变迁
制度	1. 产权制度的演变（所有权、经营权）
	2. 企业组织结构的演变
	3. 企业的管理制度

（一）国家、地区发展大环境对监理企业变迁的影响

1985年以来，国民经济在不健全的经济体制下高速增长，再次引发了通货膨胀和经济秩序混乱。针对这些问题，1988年9月，党的十三届三中全会提出了"治理经济环境、整顿经济秩序、全面深化改革"的方针，从以下四个方面进行治理整顿：①紧缩货币供给；②清理在建项目，控制投资规模，加强对投资的引导和监督；③坚决控制消费基金的过快增长；④借助行政命令，加强物价调控，整顿流通秩序。

在这一方针的指引下，各地政府开始清理在建项目，控制投资规模，在这种大环境影响下，当时深圳市的老八家地盘管理公司中绝大多数于1988年没有接到项目，停业了一年陷入经营低谷。

1989年，随着监理制度在深圳试点，建设监理公司也相继开始营业。

同年，邓小平同志确定了改革方针，继续对经济改革进行了深入的探索和大胆的尝试。但在计划经济的思想回潮中，造成了1989~1991年三年经济增长乏力。在这样的发展背景下，深圳市的监理企业的发展同样影响，众多企业在这一阶段不同程度地遭遇了业务萎缩、发展遭遇瓶颈甚至企业倒闭等问题。

1992年邓小平南巡谈话和中共十四大确立了市场经济的目标，市场制度建设全面展开，并进行全面改革和开放，促成了我国经济突飞猛进的发展。深圳市

作为国家重要的经济特区，自1992年以来社会经济获得了突飞猛进的发展。

在深圳高速发展的环境下，深圳的建筑市场也日益繁荣。截止2006年，深圳累计完成固定资产投资9721.4亿元，其中基本建设投资累计4561.4亿元，更新改造投资累计606.6亿元。由于大量的需求，深圳市本地监理企业的数量急剧增加，外地监理企业大量涌入，监理企业之间的竞争异常激烈。激烈的竞争导致了两种情况，一是加速了部分不合格监理企业的破产和倒闭整合；二是促进了各监理企业对企业发展的反思，面对激烈的竞争，在精进自身主营业务水平的同时，各监理企业不同程度地对企业内部各项制度进行了调整和改革，以适应日益激烈的市场自由竞争。

（二）相关监理法规的颁布对企业变迁的影响

1. 监理制度的产生和推行

深圳市借鉴香港工程管理经验，1985年最早在全国成立了8家工程地盘管理公司并制定了《深圳市地盘管理办法》。这为深圳市监理行业早期的发展确定了方向。

1995年深圳市通过的《深圳经济特区建设监理条例》要求，全市55家自营性监理单位必须于1996年底改组成为具有独立法人的社会性监理单位。这一文件的出台，加速了深圳市自营性监理单位的改组，促进了深圳市监理企业逐步进行企业内部产权制度、管理制度、组织制度等方面的改革。在这一制度的推行及深圳市高速发展的社会经济和日益激烈的市场竞争环境下，深圳市监理企业较全国其他地区监理企业而言，较早地建立和完善自身的现代企业制度，提升了自身的核心竞争力，从而更能适应深圳市高速发展的经济环境及日益激烈的市场竞争格局。

2. 监理收费标准的制定出台

深圳市自1992年来，相继出台了《关于深圳市工程建设监理费收费标准的批复》、《深圳市建设监理试行办法》、《工程项目监理人员配置参照表》、《关于工程项目监理人员配置参照表的说明》、《深圳市工程建设监理费规定》等规章制度。这些规章制度的出台，从不同方面对深圳市监理收费的标准予以了规定和说明，对深圳市监理收费的规范化起到了积极的推动作用，促进了深圳市监理行业的规范化发展。

而2000年深圳市《深圳市工程建设监理费规定》中规定的监理收费标准与当时全国监理行业执行的国家92年的监理收费标准相比高出许多。这一规定的出台，吸引了大量的外地监理企业涌入深圳，加剧了深圳市监理企业之间的竞争。过度的竞争，导致监理企业间压价承接监理任务的现象甚为严重。同时，进一步促进了监理企业的优胜劣汰。深圳市一批较为优秀的监理企业开始反思企业核心的竞争力究竟是什么的问题。在激烈的竞争格局下注重企业品牌的建设，通过为业主提供更优质的服务和更高质量的技术来应对激烈的市场竞争，从而在激烈竞争中不仅没有出现压价承接工程监理业务的现象，反而逆势而上，树立了企业的品牌和口碑。

3. 监理人员的管理

1996年初，深圳市成为全国第一个实行监理工程师自行出题、自行考试、自行录用上岗的城市。通过组织监理从业人员进行专项的监理业务培训、考试，不仅使1200余名监理从业人员取得了《深圳市监理工程师》资格，缓解了当时深圳市推行强制性监理所带来的监理从业人员数量严重不足的矛盾，更为重要的是帮助各监理企业培训了大量的监理人才，优化了监理企业从业人员的知识结构，提高了从业的技能和水平，从而提升了深圳市监理企业从业人员整体的从业素质，促进了深圳市监理企业的健康发展。

1999年深圳市决定严格贯彻执行建设部《工程监理企业资质管理规定》，加强对工程监理人员从业管理，决定自2003年1月1日起，停止使用《深圳市监理工程师执业证书》，统一使用国家监理工程师执业资格证书。这一规定的出台，进一步规范了深圳市监理从业人员资质的管理，但也带来注册监理工程师人数难以满足建设规模配置要求的问题，在相当大的程度上影响了企业的运作，目前，企业要求深圳市恢复实施"深圳市地方粮票"的呼声是否强烈。对于提升深圳市监理从业人员的整体素质起到了极大的推动作用。对监理企业从业人员的培养和管理也提出了更高的要求。

4. 监理信息化管理

1999年6月，深圳市政府在国内率先出台了包括实施信息工程监理条款在内的《深圳市信息工程管理办法》，并要求对我国首届国际高新技术成果交易会信息网络工程实施监理。

2000年7月，深圳市信息化建设委员会办公室制订了《深圳市信息工程建设管理办法实施意见》，要求使用财政性资金，投资规模在100万元以上的信息工程建设项目必须进行"立项、招投标、监理、质量监督、验收"。信息化工程实施监理的开始，给深圳监理企业增加新的业务范围，并进而促进深圳监理行业的发展壮大。

5. 总监负责制和旁站监理

总监负责制和旁站监理制度进一步明确了工程监理在质量、安全管理等方面的法律责任、权利和义务，促进承担监理业务的监理企业建立符合规定、专业人员配套齐全的项目监理机构。在进一步提升监理企业从业人员责任意识的同时，更进一步促使深圳市监理企业不断提升自身的技术水平和服务水平，不断提升企业的责任意识与风险意识。

（三）深圳本地的监理市场环境

企业在市场中产生和发展，市场环境如同企业赖以生存的土壤。深圳市自 1985 年初开始推行建设监理以来，监理市场环境不断改变，监理市场日益成熟，市场机制的作用不断凸显，深圳市监理企业随着监理市场的演变而不断变迁与自我完善。

1985 年至 1995 年期间，深圳市监理企业大多为国有企业，业务经营的市场化程度较低。

1995 年，深圳市进行市场整顿，监理企业面临改制问题。这次整顿不仅净化了深圳监理市场，而且使各企业开始重视企业的内部建设；管理方面，全行业掀起了贯标的热潮，大家都通过 ISO 质量管理体系的认证和运行，来提高企业内部管理水平；在技术方面，各企业开始大量引进专业技术人才，来充实企业的专业技术团队。经过几年的发展，许多大型监理企业脱颖而出，监理行业整体服务水平大大提高。

2002 年以后，国家规范和整顿市场经济秩序，要求各地打破地方保护和垄断，开放市场，对外地监理企业不能设置门槛。深圳市的监理取费较高，又地处粤港交界处，城市建设活动方兴未艾，投资项目较多，吸引了大量外地监理企业涌入深圳市监理市场，深圳市建设监理市场用"兵家必争之地"来形容其激烈的竞争程度毫不为过。

从深圳市目前的市场状况来看，本地监理企业 98 家，外地监理企业近 200 家，市场完全处于恶性竞争的状态。严峻的市场环境催生了监理企业的优胜劣汰，深圳本地监理企业人才流失严重，众多小企业在这种竞争激烈的环境中难于生存而歇业。与此同时，激烈的竞争更促进了优秀企业加大了企业内部建设的力度，众多优秀企业的经营管理者在加强企业内部管理、注重人才培养与管理、加大企业组织变革力度、加强企业内部知识管理、加强企业核心竞争力、塑造企业文化等方面加大了力度。当前，深圳市监理行业涌现出了一批既懂专业技术又懂现代企业管理的经营管理人才，这些管理者推动了深圳市监理企业向着现代化企业的方向快速健康发展。

（四）监理行业同期主导业务范围的变迁对企业变迁的影响

1998 开始，深圳市乃至全国许多监理企业开始从原来单纯的质量监理逐步向"全过程、全方位"监理的发展，有的监理单位已经开始经营招投标咨询及标底编制、勘察设计监理等监理业务。"项目管理"成为建设监理努力的目标，整个监理行业逐步走向全面化、国际化。至 2005 年为止，深圳许多监理企业已同时具有房屋建筑工程、市政公用工程等多项甲级专业监理资质；在经营范围方面，许多监理企业已同时具有招标代理和造价咨询资质，有些企业已在开拓项目前期咨询和项目管理方面的业务。

虽然现阶段我国绝大部分监理服务还仅仅是施工阶段项目管理的一部分，但随着建筑市场与国际日益接轨，国内部分业主也认识到应该聘请监理企业为其进行项目管理，以监理工程师的丰富知识、行业经验来为其出谋划策，并管理工程。从勘察、设计、施工诸阶段的资格预审、技术审查，到准备合同与发包、采购管理、财务管理、技术管理等诸方面的服务，由一批资深专业人士来替业主把关和实施。他们通过集成管理、范围管理、进度管理、成本管理、质量管理、人力资源管理、沟通管理、风险管理和采购管理，以使项目准时在预算内按要求顺利完成，并代办应由业主申请的各种政府手续，尤其是备案制要求的大量文件。这些事情业主是没经验也没精力去办的，但监理企业则专长于此。这种项目管理方式使不熟悉工程管理的业主从为实现项目所必需的日常管理工作中解脱出来，那时他手中掌管的是他必要的决策。经过不断的发展，监理企业替代业主进行工程项目管理的模式将日益普及，也将在我国得到更广泛推广和应用。

（五）产权制度的演变对企业的影响

在深圳现有的本地102家监理企业中，目前，已有92家由国有企业改制成为内部员工持股的民营企业，国有企业向民营企业的产权演变给企业的发展带来了巨大的动力，而由于改制后的民营企业大多仍然沿袭原来国有企业的管理模式，管理水平和市场竞争力普遍不高。但这是暂时的，因为改制前的国有企业，大都是"问题"企业，改制成为民营企业后，确实需要一个调整期和适应期，而这个调整期和适应期实际上就是重新创业或进行三次创业。诸多迹象表明，大部分改制企业的核心竞争力已逐步形成，只要假以时日，众多改制企业必将以全新的、富有生命力的企业形态展现在人们面前，并将成为深圳监理行业领头羊、排头兵，这也是深圳监理行业的希望。

四、研究成果的现实意义

通过案例分析可知，无论是宝安建设工程监理公司还是京圳建设监理公司，在各自的成长过程中均有过曲折的经历，但这两家建设监理公司之所以能成为深圳市优秀的监理公司之一，是因为建设监理公司领导的远见卓识、对企业的准确定位、现代化的企业管理制度、卓有成效的人才培养和激励机制以及对市场的准确把握。这些企业均能够随着环境的变化及时创新企业核心技术，同时使企业在不同的时期都能主动迎合市场需求，把握住了市场机遇，清楚界定企业定位，结合企业自身的优势构建企业的核心竞争力，并根据市场的变化不断丰富创新企业核心竞争力的内涵，使企业在市场中保持竞争优势，获得更好的成长。

当前，深圳市监理企业乃至全国的企业正处在市场经济和全球化的大背景下，应当遵循企业形成与发展演变的固有规律。通过追寻西方企业发展演变的轨迹，通过对深圳市监理企业近二十年来的发展变迁进行研究，用企业发展演变的普遍规律指导自己的实践，就可以选择捷径，少走弯路，发挥"后发优势"。探讨企业发展演变的过程和规律，根本目的主要还是为深圳市监理企业的发展提供一些有益的建议。

1. 监理企业应当正确认识企业的发展阶段和危机

在不同的经济时代，企业主导形态不同，同一个企业在不同的发展阶段，其形态也会发生很大变化。企业经营规模的扩大，必然带来产权结构的变化；企业经营规模的扩大，也会带来内部管理的变化。

企业的成长是有阶段性的，企业生命周期理论很好地概括了这一点。该理论认为，企业组织同人一样是一个从诞生到灭亡的连续的自然动态过程。企业在生命周期的不同阶段，都有其独特的管理作风、人际关系、管理危机和组织管理方法。在不同的时期，管理人员应该采取相应的管理方式。当企业沿着生命周期的轨迹变化时，遵从的是一种可预知的行为模式。因而，企业在生命周期每一个阶段上的形态是可以预测的，各阶段是一个连续的、自然的过程。无论是葛瑞纳的五阶段论，还是奎因和卡梅隆的四阶段论，或者伊查克·爱迪思的三阶段论，都准确地描述了企业成长过程的阶段性特征，企业发展的动力、面临的主要问题，以及渡过危机的方法。

下面，以奎因、卡梅隆和伊查克·爱迪思的生命周期理论为指导，结合已有的对企业不同创业阶段的研究，对企业各个创业阶段的主要特征、危机总结如附表 4-2 所示。

企业各个创业阶段的主要特征、危机总结　　　　附表 4-2

	一次创业	二次创业	三次创业
奎因、卡梅隆理论的划分	创业阶段	聚合阶段 规范化阶段	精细阶段
伊查克·爱迪思理论的划分	成长阶段	再生和成熟阶段	老化阶段
企业目标	企业主利益最大化	企业和员工利益持续增长	实现多重目标
	市场导向	战略导向	价值导向
权力运用	个人化权利	组织化权利	契约和信息权力
	集权	等级配置	分散与统一结合
控制手段	权力	目标	规章制度
	个人意志	规章制度	企业文化

续表

	一次创业	二次创业	三次创业
组织结构	机械结构 情缘组织	科层组织	扁平结构 弹性结构
技术结构	单项技术	多项复杂技术	不易模仿的核心技术
产品结构	单一产品	系列产品	个性化产品
主要危机	缺乏战略性思维 缺乏系统化制度 领导危机❸ 人才危机❺	自主危机❶ 骄傲自满的冲动❷ 官僚危机❹	

　　企业间的竞争好似大浪淘沙，一次创业的企业生得快，死得也快。许多企业开始时非常火爆，没几年就销声匿迹了。原因就在于当企业已经达到一定规模，外部环境发生很大变化时，仍然抱死过去经验，对企业面临的危机没有采取及时有效的处理措施，没有立即进行二次创业，终致一着不慎，满盘皆输，造成自己的毁灭。

　　在企业的二次创业阶段，由于企业充分利用专业化、分工负责、分层管理，效率较高，适应了企业经营规模化的需要。与此同时，企业发展到一定规模，就会受到分工、区域化管理、部门冲突和官僚主义的困扰，为了实现有效整合，就进一步强化科层结构，结果增加了内部交易成本，降低了组织效率。

　　三次创业是企业的系统提升阶段，相当于奎因·卡梅隆的精细阶段。三次创业可以解决伊查克·爱迪思指出的企业老化阶段的许多问题，从而延长企业的生命周期。爱迪思认为企业老化是可以阻止的，扭转老化问题的基本方法是缩小企

---

❶ 自主危机来自两个方面：一方面是企业创始人聘请了职业经理人，但又心存疑虑，老人和新人之间产生冲突，新人希望获得更大的自主权；另一方面指企业面向市场的员工感觉受到"自上而下"的领导体制的强大约束，在自己的职责范围内希望获得更大的自主权。

❷ 骄傲自满产生的冲动危机。由于资金充足，加之观念上的自大，企业偏好兼并扩张。投资决策失误或过度扩张带来的内部交易成本的上升，会导致企业提前进入衰退阶段。

❸ 领导危机。企业过于集权，缺乏科学有效的授权体系，企业创始人不能适应新的需求，许多人有感于能力与精力的制约。尤其是当创始人没有合适的继承人时，企业还可能夭折。

❹ 官僚主义越来越严重，主要表现在：企业通常有稳定的市场份额，开始以自我为中心，对市场的敏感度下降，企业与顾客的距离越来越疏远；创新精神受到排斥，企业和员工自我保护意识不断增强，企业对新事物心存偏见，过于依赖传统的能力，创新受到抑制；过于关注形式，而不问工作的内容和原因，在办公环境、衣着、称呼、公文等仪式上精益求精；资金越来越多地花在控制系统、福利措施和一般设备上；各单位注意力集中到内部地位之争，居功透顶，遇到麻烦首先考虑开脱责任、保全自己，而很少考虑采取有效措施解决或补救。

❺ 人才危机。创业需要能够承担创业使命的人才。由于没有产权与组织结构作为前提，加之创始人的独断专行，企业很难招募和留住足够数量的可用之才。

业规模。

三次创业既是企业延缓自身老化的需要,也是应对外部环境压力的反应。企业要在竞争中立于不败之地,就必须以最低的成本、最快的速度、最好的质量、功能最具针对性的产品满足客户多样化的需求。面对这样苛刻的市场需求,企业普遍感到力不从心,更不用说资源的制约、环保的制约和经济全球化的压力。

信息和网络技术的出现使企业通过虚拟一体化维持自身优势,克服大企业病,获得新的生命周期变为现实。三次创业的技术基础是信息和网络对企业生活的改造。信息和网络使企业经营高度信息化,使企业的竞争力取决于对信息的分配、复制和创造;另一方面导致对时间和距离要素的重新定位,空间的重要性下降,时间的重要性增大。企业"无形"部分的作用大于"有形"部分,价值的增加主要依靠知识和创造力的投入,而不是传统的物权和事权控制。企业进行三次创业可从以下几个方面展开：①资源配置突破产权范围,实行虚拟一体化；②应用信息技术,简化内部组织结构；③面向客户提供个性化的产品和服务；④树立新的企业理念,坚持以人为本,科学发展,将竞争和合作相结合,经济效益与社会责任相结合,实现企业、员工和环境和谐共处等。

企业开展三次创业必须根据信息高科技、市场全球化、经济虚拟化的需要,对企业的生产技术、资源配置方式、治理安排、内部管理等作出一系列创新。三次创业以后的企业将是一种全新的、富有生命力的企业形态。目前真正开展三次创业的企业还很少,因而三次创业以后企业将面临什么危机和问题,在此未作探讨。

由此可见,随着企业的成长,在每一个阶段都会存在危机,企业需要继续创业,保持活力,从一个阶段适时地进入另一个阶段。当前,绝大多数深圳市监理企业已经完成了企业的一次创业或二次创业阶段,这些企业分别处于各自生命周期的相应阶段,面临各自独特的问题。我们认为,企业生存和发展的关键就在于克服困难。一个健康的有活力的企业必须时刻总结、评估自己的能力,敏锐的洞察外界环境的变化,掌握自身的发展规律,有计划、主动地寻求各种变革以求生存和发展。

2. 监理企业应当选择适合自己的发展模式

新制度经济学认为,由于交易特性的差异,决定了不同企业制度的存在,只有那些与特定的交易相匹配的规制结构才是有效的组织。我们认为,不同的企业制度具有不同的优势,分别适应不同的生产技术和经营规模。监理企业各自不同的技术和市场状况,决定了企业规模、产权制度、组织结构、管理方式上的差异。企业演变规律研究的成果,对当前深圳市监理企业的发展带来了许多启示。

（1）合理确定监理企业的产权边界

企业是一个经济组织,追求价值最大化和成本最小化。所以,企业存在和发展的一个根本的前提是合理确定自己的边界，有所为有所不为。企业规模过小，可能没有达到最佳生产规模，将市场份额拱手相让；如果规模过大，则可能超出最佳的生产可能性边界，也会导致内部交易成本上升，得不偿失。

确定企业的产权边界，首先要分析企业所处的市场是否能够容纳企业的大规模生产，若市场需求缺乏弹性，企业规模过大就会遭遇市场饱和，固定成本无法摊销。

其次，企业的生产技术是否存在规模的经济性，如果生产的集中不能降低生产成本，反而增加管理协调成本，规模过大则得不偿失。而且大企业如果在满足需求和多样化上不够灵活，规模还可能成为劣势。

最后，实行大企业的制度创新和集中管理。当企业规模扩大以后，必须建立科学的治理结构，摒弃传统企业中以家长制为特点的个人化的管理，聘用专业化的经理人员。同时，在内部管理上，对各经营单位实行集中管理，建立科学的管理层级组织、优化作业和管理流程、完善内部权力和沟通线路，从而有效地协调物质、资金和信息的流动，确保取得长期的财务成功和竞争能力的不断提高。

（2）监理企业应不断进行企业管理变革

随着企业外部环境变化和自身规模的扩张，企业必须不断进行管理变革和创新。当前，管理创新已经成为一种时尚，而忽略了生产技术与制度安排之间的内在联系。追赶潮流使企业出现了改制上市、组织扁平化、管理信息化、流程重组、做大做强的热潮。从国外企业发展演变的历史看，企业规模不是越大越好。由于管理收益递减规律的作用，随着企业规模的扩大，交易成本会上升，如果规模增加带来的生产性收益不足以抵消企业内部交易成本的增加，企业就不适宜继续扩张。所以我们不能一概地强调企业要做大做强。企业的管理变革，归根结底还是要根据生产技术特征和经营规模来进行。通常，企业的管理变革可从以下几个方面着手考虑：

第一，充分考虑企业的生产技术特征和资本规模，确定企业的产权结构。

生产技术不具备规模收益的企业，产权制度一般以单一产权或合伙制为主。这种简单的产权制度具有高能激励和低监督成本的优势。生产技术具有规模性的企业，产权结构必须由一元化向多元化转变。因为，单一产权制度不能容纳新的产能，会成为束缚企业发展的障碍：一方面，阻碍了新增要素，特别是人力资源要素的投入；另一方面，也使企业的决策过程缺乏所有者之间的内部约束。企业产权多元化，既可以满足资本需求，扩大企业经营规模；又有助于完善企业治理，使企业逐步向现代化管理转型，建立法人治理结构，使个人的企业成长为社会的企业。

第二，按照公司法要求，加快现代企业制度和法人治理结构的建设。

现代企业制度所蕴含的利益均衡理念对我国企业具有很强的现实意义。企业在新形势下，需要通过良性的资本运作和产权结构来建立规范的现代企业制度。股权持有者与公司法人通过公司的权力机构、经营机构和监督机构形成相互独立、权责分明、相互制约的关系，并以法律和公司章程划定界区，保障这种关系的正常运作。

第三，加强内部管理，节约内部交易成本。

企业是为最终满足顾客需要而设计的"一系列活动"的集合体，是"一系列活动"组成的"产出"。因而，企业的成本不仅仅只包括与生产环节直接相关的生产成本，还包括不同环节之间的交易成本。我国企业习惯上比较重视生产成本的节约，注重原材料、能源、工时等的节省，而忽视信息、合同、组织结构、安全等方面的管理，造成交易成本的上升。我们认为，可以节约交易成本的领域很多，见效最快、效果最好的节约来自两个方面，一是组织结构，另一个是流程重组。

企业应充分考虑自身的生产技术特征和经营规模，确定企业的组织结构。U形结构、H形结构和M形结构，各有许多变种，分别有自己的适用范围。企业应根据自身特点、管理习惯，灵活运用并进行动态调整。

企业还应以满足客户需要为中心，对企业业务各个环节进行全方位的梳理和监控。从广义的、整体的角度和战略的高度来探求影响成本的各个环节和各个方面，重新规划流程，进而降低成本。

第四，建立适应现代市场竞争的企业文化。

企业之间的竞争不仅是产品和服务的竞争，也是理念和文化的竞争。我国企业脱胎于不成熟的市场经济，加之政治体制和传统文化的影响，形成了一系列具有中国特色的企业文化。随着市场经济的发展，这些企业文化需要与时俱进，不断学习借鉴国外先进企业的先进文化。当前，深圳市监理企业文化创新主要可以先从以下几个方面着手：

从家长制向企业民主转化。中国企业惯于强调一种人治型文化，企业成败往往系于一个强有力的大家长。家长制天然所具有的决策风险、继任危机和个人崇拜等弊端，使其不能适应现代企业的快速发展。企业应加强法人治理结构建设，从强调"人治"转向强调"制度"，以制度来约束企业领导层与员工的行为。

树立新的竞争思维，从零和博弈过渡到竞争合作，即和谐竞争或竞合。通过合作共同提高竞争力。

从单纯追求经济目标转向经济目标和社会责任相结合。在全球化进程中，经济、社会、环境问题之间存在着强烈的互动性，企业在追求利润最大化的同时，要积极承担对社会及公众应该承担的责任和义务。统筹兼顾员工、客户、社区等在内的利益相关者的利益，提高资源利用率，节约资源和保护环境。

附录5 深圳市监理工程师协会历届领导机构名录

协会第一届领导机构名录

会　　　　长：李新芳　深圳市地盘管理公司
常务副会长：梁游钧　深圳市南山建设监理公司
副　会　长：池兴旭　深圳市建艺股份有限公司
　　　　　　魏武峰　深圳市城建开发（集团）监理公司
　　　　　　王茂田　深圳现代建设监理公司
　　　　　　蔡铁毅　深圳邦迪建设监理咨询有限公司
秘　书　长：张　庸　深圳京圳建设监理公司
常务副秘书长：牛乃宾　协会筹备组

协会第二届领导机构名录

会　　　　长：李新芳　深圳市城建监理有限公司
副　会　长：张　庸　深圳京圳建设监理公司
　　　　　　梁游钧　深圳市南山建设监理公司
　　　　　　马世华　深圳市城建监理有限公司
　　　　　　范淑君　深圳市中行建设监理有限公司
　　　　　　陈幼平　深圳市深龙港建设监理有限公司
　　　　　　刘志达　深圳市中航建设监理有限公司
　　　　　　蔡铁毅　深圳邦迪建设监理咨询有限公司
秘　书　长：张　庸　深圳京圳建设监理公司
副秘书长：牛乃宾
　　　　　魏武峰

协会第三届领导机构名录

会　　　　长：王景德　（专职）
副　会　长：邹　涛　深圳京圳建设监理公司
　　　　　　马世华　深圳市城建监理有限公司

　　　　　　　　刘德义　深圳市中行建设监理有限公司
　　　　　　　　陈幼平　深圳市深龙港建设监理有限公司
　　　　　　　　梁游钧　深圳市首嘉工程顾问有限公司
　　　　　　　　朱宝新　深圳现代建设监理公司
　　　　　　　　杨满朝　深圳市筑宇建设监理有限公司
　　　　　　　　王家远　深圳大学建设监理研究所
秘　书　长：王景德（兼）
副秘书长：都望俊
　　　　　　　　袁龙凯

协会第四届领导机构名录

会　　　　长：王景德（专职）
副　会　长：邹　涛　深圳京圳建设监理公司
　　　　　　　　梁跃东　深圳市城建监理有限公司
　　　　　　　　刘德义　深圳市中行建设监理有限公司
　　　　　　　　张传亮　深圳市天创健建设监理咨询有限公司
　　　　　　　　马克伦　深圳市龙城建设监理有限公司
　　　　　　　　傅晓明　深圳市建艺国际工程顾问有限公司
　　　　　　　　方向辉　深圳市兆业工程顾问有限公司
　　　　　　　　王家远　深圳大学建设监理研究所
秘　书　长：张修寅
副秘书长：袁龙凯
　　　　　　　　徐兴利（增补）